U0094618

從日常散步觀察植物的生存劇場

路邊的趣味植物學

道草ワンダーランド
まちなか植物はこうして生きている

多田多恵子

序
prologue

你拿起了這本書。
請試著閉上眼睛想像一下。
溫暖的陽光、宜人的微風。
不知從何處傳來的甜美花香。
是否也能聽到小鳥的叫聲呢？
伸出手，輕輕撫摸葉片。
光滑、蓬鬆、
柔軟的觸感。
光是透過想像，你看，
總覺得心情變輕鬆了，
突然想出去走走，不是嗎？

當您走在日常的路上，若把目光瞥向不同的角度，你會驚喜地發現路上居然有著各種植物。不必特意前往什麼特別的地方，無論是鄰近的山野、公園，甚至是街頭巷尾，細心觀察，你會發現鋪路石的縫隙間，竟然也有細小的雜草頑強生長。把眼睛靠近小花，用微觀視角去看，你會發現它閃耀著生命的智慧。花園和田野中的一草一木，也都隱藏著平時不會注意到的智慧與巧思。

在這本書中，我將使用自己拍攝的照片，從科學的角度觀察雜草、野花、庭園花卉和盆栽等身邊的植物，探索植物的生存智慧與巧思。

本書雖然是按照春、夏、秋、冬的主題依序排列，但你可自行從喜歡的地方開始閱讀。

我在撰寫時避免使用困難的植物用語，確保任何人都可以在沒有基礎知識的情況下輕鬆閱讀。雖然寫得通俗易懂，但內容還是會以生物學和植物生態學為基礎，從各種角度及獨到的觀察來解說植物迷人的生活方式。無論是很熟悉植物的人還是剛接觸植物的人，都會對植物的生活方式有更深入的了解。相信你對植物的生活方式將會有茅塞頓開的理解。本書使用了許多特別的照片，光是看照片應該也會感到心滿意足。

即使無法遠行，我們的生活周遭也有令人興奮的植物世界。走！一起去探索吧！

歡迎來到路邊植物的仙境，請盡情享受觀察它們的樂趣。

目錄

contents

第三章 秋天的路邊植物 97

第四章 冬天的路邊植物 121

第一章 春天的路邊植物

Spring

筆頭菜（問荊）

問荊是蕨類植物，末端是產生孢子的器官，造型像筆頭，所以稱為筆頭菜，是令人懷念的春天味道。

春天，樹木同時發芽並長出新葉。在淡黃綠色和白綠色的新芽之間，紅色的新芽格外引人注目。

馬醉木的新芽。杜鵑花科的常綠樹，早春時開出白色的吊鐘形花朵，接著萌生紅色的新芽。

紅色新芽的真相

馬醉木、光葉石楠、野桐……，有不少樹木的新芽是紅色的。玫瑰的新芽也是紅色的，日本山櫻的嫩葉也是紅褐色。新芽為什麼會是紅色的呢？

阻隔紫外線的太陽眼鏡

葉子是植物的重要工廠。葉子的細胞充滿了稱為「葉綠體」的綠色膠囊，植物會藉此進行「光合作用」，也就是利用陽光的能量產生身體所需的成分與能量。

然而，剛長出來的新芽葉片非常柔軟且尚未成熟，反覆分裂的葉綠體以及其中的DNA，就像嬰兒一樣毫無防禦能力。一但暴露在過度強烈的陽光下，尤其是紫外線（UV），就會造成無法挽救的傷害。

因此，植物會戴上「太陽眼鏡」來替重要的新芽阻隔紫外線。紅色色素的「花青素」也是太陽眼鏡的一種，可以防止強烈的紫外線。植物們用花青素把新芽和嫩葉染成紅色，以保護它們免受紫外線的傷害。

像辛夷和木蘭這類冬芽及嫩葉上密生著蓬鬆毛的植物也很常見，這些蓬鬆毛也好比阻隔紫外線的太陽眼鏡。

葉子成長後就不再需要太陽眼鏡，也不再合成花青素，葉子就會變成綠色。

紅色的是哪個部分？

光葉石楠是薔薇科，長有紅色新芽的美麗常綠樹，經常種植成樹籬。嫩葉呈現透亮的紅色，正面和背面都很光滑。

色素究竟藏在哪裡？我用剃刀的刀片把葉子切成薄片，試著用顯微鏡觀察斷面。四角形分隔的是細胞。葉子內側的細胞被染成了紅色。花青素儲存在細胞內的貯藏室（液胞）。

馬醉木、日本山櫻、厚皮香、玫瑰等的嫩葉，也和光葉石楠一樣將花青素儲存在細胞的貯藏室中。

稍有不同的是野桐。紅色的嫩葉像毛衣一樣蓬鬆，只要你用手指揉搓，就會驚訝的發現毛都掉了，變成了綠葉！

透過放大鏡看，紅色的是覆蓋嫩葉表面的毛，毛的形狀像海葵。隨著葉子的生長，毛會變得稀疏，顏色也從紅色逐漸變綠。

走吧！春天到了。身邊的一草一木蘊含著許多的智慧與巧思。樹上的新芽也閃閃發亮地邀請你的到來唷！

你知道嗎？

光葉石楠是薔薇科的常綠樹，木材堅硬，過去被用作摺扇的扇釘。
因為芽是紅色的，所以也稱為紅芽石楠。

野桐的新芽

嫩葉如同野桐的別名赤芽柏一樣是紅色的。

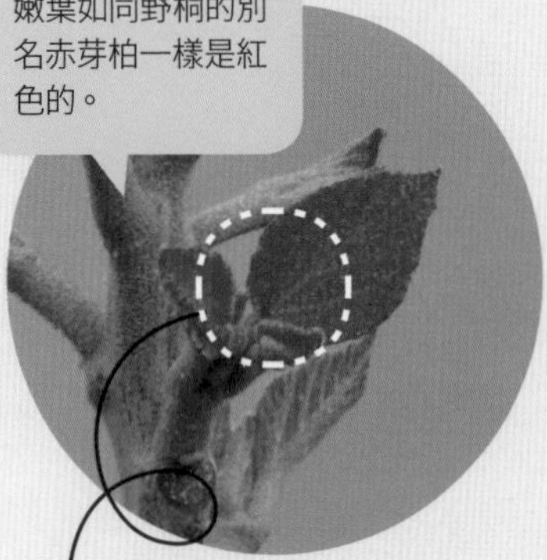

zoom!

用放大鏡觀察，可以看到上面覆蓋了滿滿的紅色星狀毛。

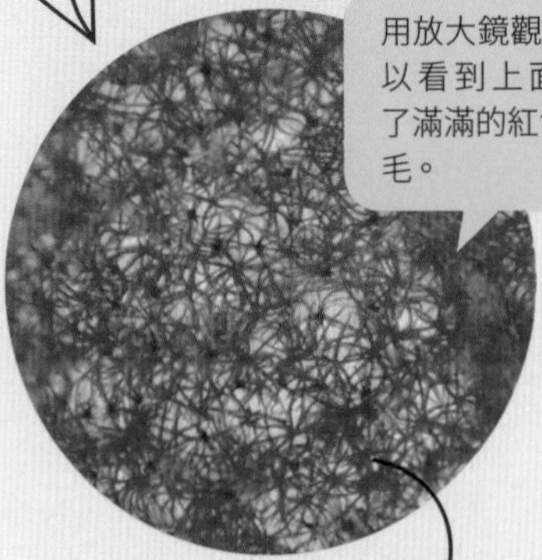

葉子生長！

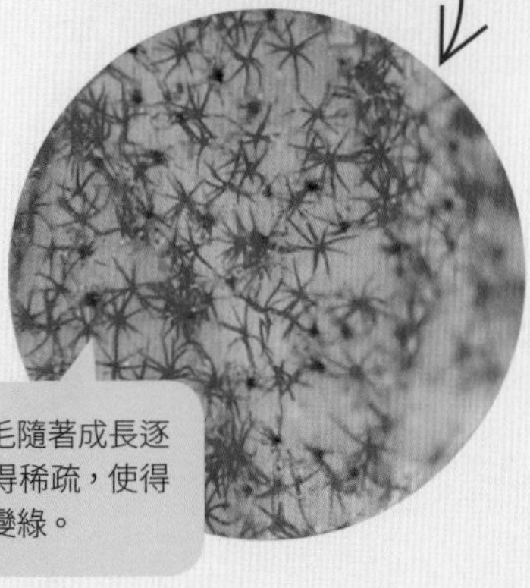

星狀毛隨著成長逐漸變得稀疏，使得葉子變綠。

Spring Part 1

光葉石楠的新芽

光葉石楠的紅色嫩葉。裡面會是什麼樣子呢？

zoom!

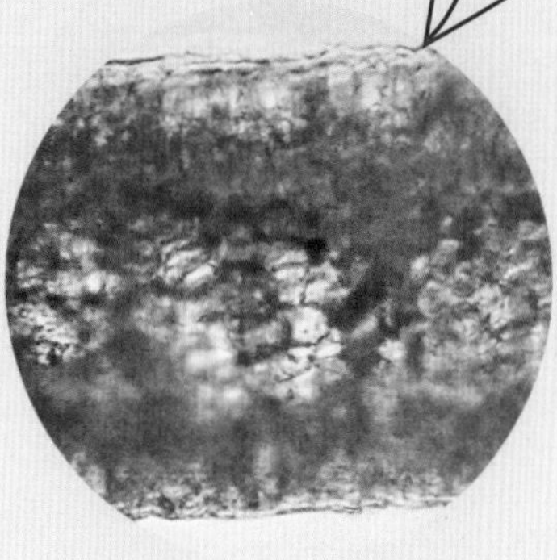

用顯微鏡看的葉片斷面。裡面夾雜著紅色的細胞。

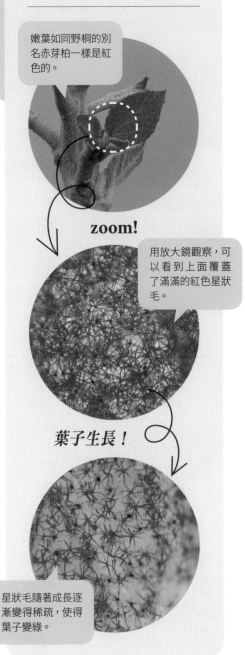

花圃中並排著色彩繽紛的鬱金香。沐浴在溫暖的陽光下，每朵花彷彿都在微笑！

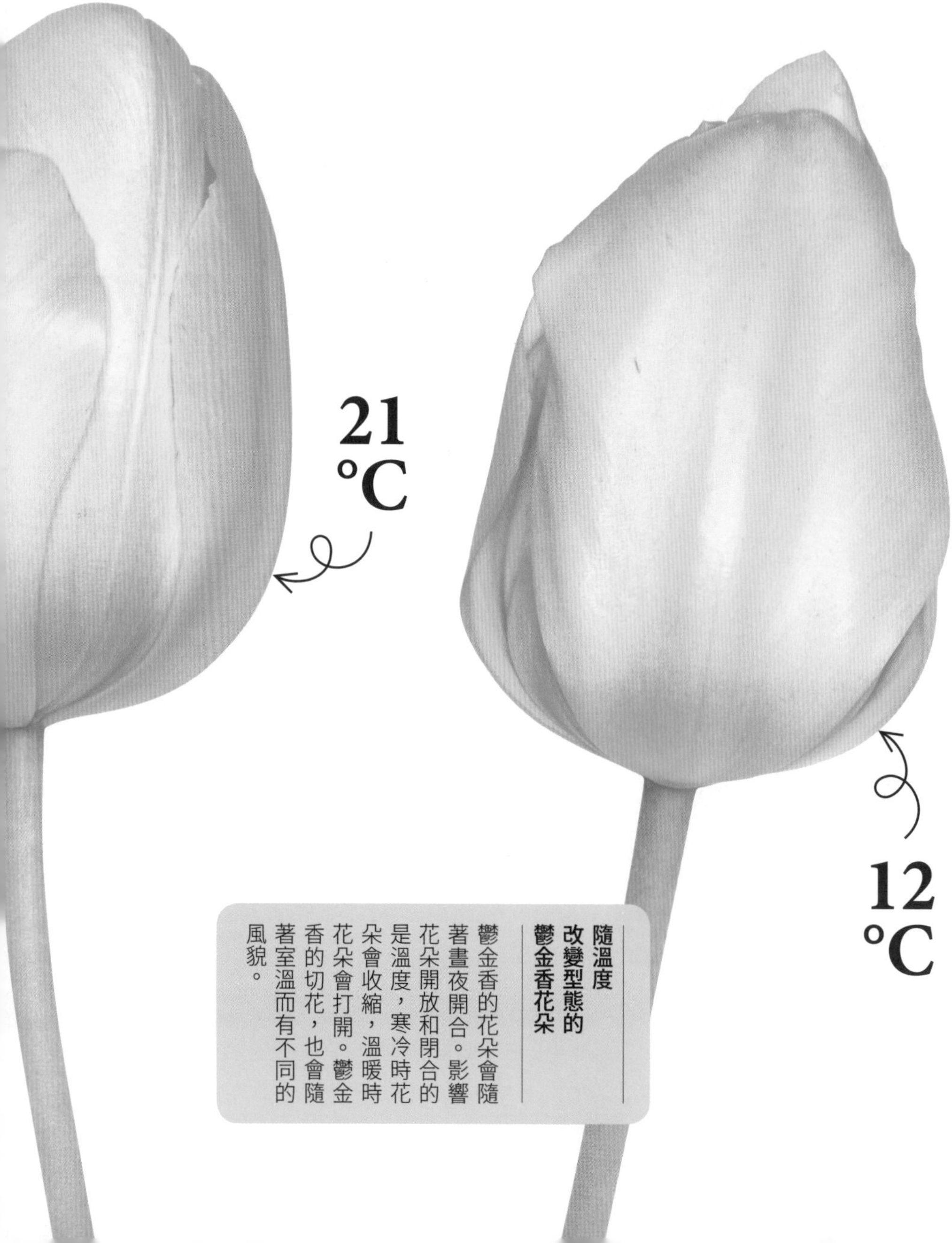

隨溫度改變型態的鬱金香花朵

鬱金香的花朵會隨著晝夜開合。影響花朵開放和閉合的是溫度，寒冷時花朵會收縮，溫暖時花朵會打開。鬱金香的切花，也會隨著室溫而有不同的風貌。

綻放、閉合，鬱金香的智慧花開

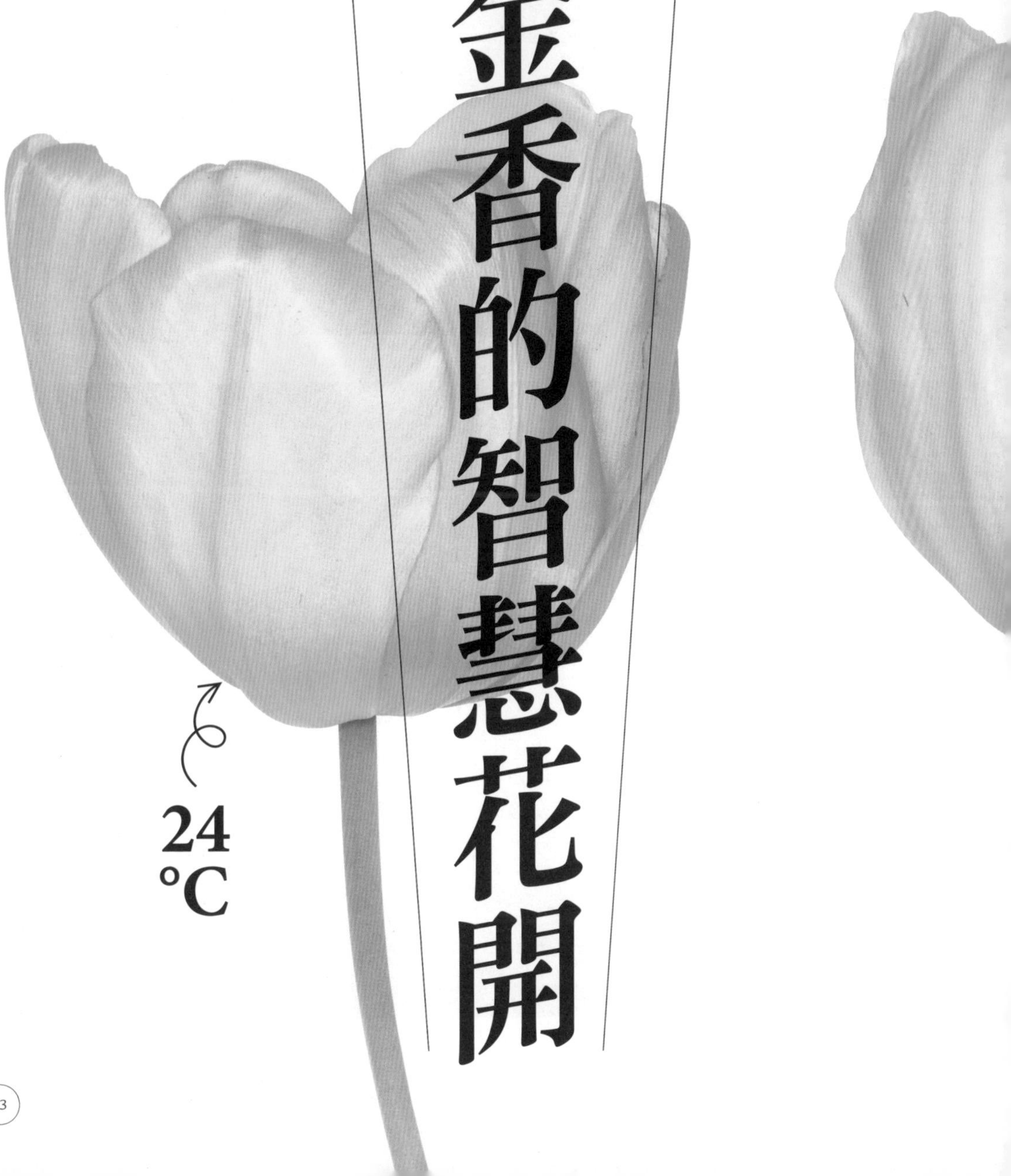

豬牙花

早春山上的花。到了晚上會閉合的花朵，氣溫在10℃以上就會開始綻放，達17～20℃時則會全開並向後彎曲。圓圈內是天氣寒冷時的狀態。

福壽草

花朵會根據溫度開放或閉合。花朵以碟型天線的形態聚集陽光，中心部位比外圍還要溫暖10℃以上。昆蟲們也在悠閒地曬著太陽。

你知道嗎？

最初的「片栗粉」是從豬牙花（日本稱為「片栗」）的鱗莖提取的澱粉。
現在使用的是馬鈴薯。

菊咲一華

生長在日本北國落葉樹林中的毛茛科小型多年生草本植物。花的顏色從白色到淡紫色、淡粉色等，在晴朗溫暖的日子裡綻放。花朵在寒冷的日子和早晨時會收合。

老鴉瓣

在早春的里山裡綻放的球根植物，是鬱金香的近親。陽光照射時，花瓣會完全打開，太陽西下時，花瓣就會逐漸收合。天氣不好的時候就會一直閉合。

藉由開合，長期綻放

鬱金香是原產於中亞的球根植物。五顏六色的花朵讓春天的花圃充滿活力。

小朋友應該都學過這樣畫花。筆直的莖上有個下方呈圓弧的鋸齒狀杯子。莖的底部再加上2片葉子，瞧，可愛的鬱金香畫好了。還可以一筆畫出來呢！

但是鬱金香，不一定總是像圖畫上看到的形狀。烏雲密布的日子或雨天，花瓣會皺起閉合，即使是陰天也只會半開。在春意盎然的晴朗溫暖日子裡，花朵才會飽滿地盛開。

閉合花瓣以保護花朵

晚上看鬱金香，會發現它的花瓣是緊密閉合的。

鬱金香是在初春時綻放。重要的雌蕊和雄蕊，如果因為夜晚的寒冷、晚霜、風雪侵襲而損傷可就糟了。運送花粉的昆蟲，也不會在夜間或寒冷的日子活動。花朵藉此迴避凍傷的危險，同時挑選客人聚集的溫暖日子再打開店家的大門。

因為是氣溫較低的時期，所以花期也較長，約1週到10天左右，這期間會在晝夜反覆地開合，若最後一直維持在大開的狀態，不久後花就會凋謝。

早春的山上盛開的側金盞花、豬牙花、多被銀蓮花、老鴉瓣等，也是在晴朗的白天綻放，天氣不好的日子和夜晚則會閉合。應該也是基於相同的原因吧。

用多被銀蓮花做實驗

早春的寒冷日子。當閉合的花朵被保特瓶製成的臨時迷你溫室覆蓋時，只有那朵花開了。

Spring Part 2

觸發因素是光？還是溫度？

觸發鬱金香花朵開合的因素，乍看會以為是陽光。但實際上並非如此。

事情發生在我拿出一束為了取悅朋友而藏在外套底下的鬱金香。溫暖了將近30分鐘的花朵全都盛開了。連準備了這項驚喜的我也感到相當驚訝。

即使在黑色外套內的黑暗條件下，鬱金香的花還是會開。由此可見，控制花朵開合的並不是光，而是沐浴在陽光下時上升的花瓣溫度。

你知道嗎？

多被銀蓮花（日文稱為東一華）與菊咲一華都是銀蓮花屬。
因為莖的頂端開著一朵花，所以寫作「一華」。

滿開的豬牙花

雪國的春天。隨著冰雪的融化，大山櫻、雪茶、淫羊藿等花朵同時綻放（新潟縣南魚沼市）。

所以，我嘗試將切花放在不同的室溫下。12℃時，花會收合起來，24℃時，花則會盛開（P12～13）。

花朵的開合結構，類似電氣零件的雙金屬片恆溫器。花瓣由內外兩層組成，當溫度上升時，內側的細胞就會伸展而讓花朵打開，當溫度下降時，外側的細胞就會伸展而讓花朵閉合。花瓣在每次開合時都會變長。

可愛的花朵中也蘊含著高科技與生活智慧呢！

春意盎然的堤道。腳下比比皆是堇菜花束！

堇菜

堇菜，自古就受到人們的喜愛。高貴的紫色花朵和細長的葉子從地裡長出來，彷彿就是大地贈與的花束。它生長在光線充足的河岸和田野上，在都市的公園和路邊也可看到。

這種花的顏色是真正的「堇色」！

堇菜的不可思議

擁有兩種面貌的花

立坪堇淡紫色的花很可愛。在5片花瓣的後方，突出一個有著天狗鼻子形狀的「花距」，替橫向綻放的花朵保持平衡。

花朵後方長出像天狗鼻子的花距

堇菜類的特徵，是花的後方有像天狗鼻子形狀的突出物。這是花的一部分變成袋狀的東西，稱為「花距」，內部儲存著花蜜。堇菜類在日本有60種。花的顏色除了紫色以外，還有白色和黃色，其共同點是都有花距。

園藝植物的三色堇和小三色堇原本也是歐洲產的堇菜同類。也因此，往花朵的背後一看，有了，一樣有著小小的拇指狀花距。

你知道嗎？ 立坪堇在日本稱為「立壺堇」，「壺」在日本平安時代是中庭的意思。可見自古以來就是人們所熟悉的花卉。

長嘴堇的花距長度驚人，別名天狗堇。它與立坪堇長得很像，但花距的長度超過2公分。生長在日本靠海的山上，是日本原生種。

從長嘴堇的長花距吸取花蜜的大蜂虻。初春活動的長嘴昆蟲，一邊滯空飛行一邊吸取花蜜。

花距的作用？也有挑選昆蟲的作用

為什麼會有花距呢？仔細觀察，會發現堇菜的花朵懸掛在細柄上。花距是用來保持平衡的砝碼。花距還有一個重要的作用，就是挑選客人。能從筒狀花距吸取花蜜的，只有擁有細長嘴巴的熊蜂和大蜂虻。藉由把花蜜儲存在花距中，來挑選勤奮的常客，杜絕善變的食蚜蠅等入店。

花粉被運送到另一朵花完成授粉的話就會結果實，成熟時就會開裂並迸發種子。堇菜的種子，富含營養滿點的彈嫩膠質（油質體）。當螞蟻把種子運回巢穴，只吃油質體後就丟棄。堇菜經常生長在鋪路石和石牆的縫隙中，也是因為螞蟻經常在這些地方築巢。

夏天和秋天為什麼會有果實？花苞不開之謎

如果長時間觀察堇菜，會發現一件不可思議的事情。花明明是在春天盛開，但是夏天和秋天也能結果。這是怎麼一回事呢？

其實是堇菜類在春天花開過後，直到秋天仍會不斷開出花苞狀的小花。在這朵花的內部，雌蕊和雄蕊直接接觸授粉，然後就這樣培育出了果實。由於花朵呈閉合狀態，因此又稱為「閉鎖花」。

閉鎖花不需要透過昆蟲即可授粉，所以也省去了花瓣和花蜜。這是一種可靠又低成本的繁殖策略，而且產出的種子都像自己。

另一方面，春天的花則是利用美麗的花瓣和花蜜來引誘昆蟲，使其運送其他植株的花粉。宣傳成本較高，但是種子具遺傳多樣性，在環境變化和疾病中的存活機率大為增加。堇菜及其同類巧妙地運用這2種繁殖方法，順利地在世界上生存。紫色的堇菜和淡紫色的立坪堇開在公園的角落和路邊，不妨試著找看看吧！

在市中心的路邊發現的野生堇菜花束。堇菜是里山春天的代表花卉，但在市區的人行道縫隙和石牆之間也經常可以看到堇菜的蹤跡。這是因為在縫隙中築巢的螞蟻搬運過來的種子在此繁殖了。

你知道嗎？ 種子上帶有油質體來吸引螞蟻的植物，還包括寶蓋草、圓齒野芝麻、豬牙花、淫羊藿、延胡索等。

這是立坪堇。從夏天到秋天它會產生閉鎖花自體授粉。立坪堇的閉鎖花附著在莖上，所以很容易發現。

堇菜的種子上有白色的附屬物（油質體）。膠質且含有螞蟻喜歡的脂肪酸等，誘使螞蟻興沖沖地把種子運回巢穴。

堇菜的果實和種子。果實成熟後會開裂成3個部分，乾燥後，種子會一個一個迸飛出去。

花團錦簇、百花爭艷的季節。為了尋求花蜜和花粉的各種昆蟲紛紛來到花上。順帶一提，為什麼花的顏色和形狀如此多樣呢？

花卉餐廳的色・香・味

掛在日本鐵線蓮的花朵上吸食花蜜的虎花蜂。花蜜在花朵的深處。

千客萬來！家庭餐廳的花

毛當歸的花。來訪的有蒼蠅、長腳蜂類、花天牛、食蚜蠅等，每天都生意興隆。

聚集在春紫菀上的是小甲蟲類的姬圓鰹節蟲。它的幼蟲會啃食羊毛和乾貨類。

花卉界的家庭餐廳

花和蟲的關係，跟餐廳和客人的關係很類似。花招待客人的美食是花蜜和花粉，客人則是以運送花粉當作餐費。漂亮的花瓣和宜人的香味是招攬顧客的廣告。

花的顧客主要是昆蟲。蜜蜂、熊蜂等花蜂類，食蚜蠅、蒼蠅、蝴蝶、蛾、花天牛等甲蟲，還有長腳蜂、螞蟻、蚊子、大蚊等也會來花叢中享用美食。

人類世界的餐廳有家庭餐廳和專賣店，花卉界的餐廳也一樣。有廣泛招待各種顧客的家庭餐廳型花卉，也有愛挑客人的專賣店類型的花卉。

春紫菀、蒲公英、毛當歸的花朵屬於家庭餐廳類型，能吸引各式各樣的昆蟲造訪。花朵朝上、面積廣闊，任何昆蟲都可以著陸，雄蕊和花蜜整個外露，方便顧客飽餐一頓。這種「家庭餐廳花卉」以白色或黃色居多，藉此激發大多數昆蟲所具備的往亮處飛的本能來加以誘引。

家庭餐廳花卉的常客包括食蚜蠅、蒼蠅、甲蟲和小蜜蜂等。雖然都是數量眾多的平民派，但往往都是隨意飛往鄰近的花朵，所以輸送同類花粉的效率不是很高。

你知道嗎？ 春紫菀和姬女菀的花很相似，但切開莖一看，會發現春紫菀是空心的，而姬女菀則是充滿了白色的髓。

只歡迎VIP!? 專賣店的花

紫雲英的花帶有機關。日本髭長花蜂需要用腳按壓下方的花瓣，才能吸取花蜜。

裏白瓔珞是開在山上的杜鵑花科花卉。可愛的姬丸花蜂掛在花上吸食花蜜。

愛挑客人的專賣店

另一方面，專賣店的花卉會挑選出手闊綽的常客，除此之外概不受理。

吊鐘形的杜鵑花科花卉，是花蜂限定的專賣店。為了吸取花蜜，需要掛在花上並伸出長長的喙，而能做到這一點的只有花蜂類。

紫雲英將花蜜藏在其結構複雜的花朵深處。當蜜蜂用腳踩花瓣時，花朵就會打開從而取得花蜜，同時隱藏的雄蕊和雌蕊也會彈出來讓蜜蜂傳播花粉。

引誘花蜂的花，透過垂掛、潛入和撬開花朵等技巧考驗，來挑選可好好運送花粉的花蜂。花色以紫色～紅紫色居多，是因為這些顏色與學習能力高的花蜂相應。其中最常見的是以大熊蜂為客人的花朵，像是溪蓀、龍膽、紫斑風鈴草等又大又美的花。

專賣店的花還有其他種。帶有白色細管及香味的是夜蛾的餐廳，鮮紅的花是鳥類專用的餐廳。在琉球也有專門提供蝙蝠吸食花蜜的花。

花卉餐廳街上，也會有一些奇怪的店家。有些無良商家甚至會欺騙昆蟲並強迫它們運送花粉。接著就來談談這件事吧！

花卉餐廳街也有奇怪的店。
花卉餐廳指南第2彈，
這次要潛入黑心的無良商家。

在婆羅洲的熱帶雨林中遇到世界上最大的花——大王花。這朵花的直徑約為60公分。它利用類似腐肉的顏色和氣味來吸引綠蠅，成功使其運送花粉。雖然味道很難聞，但是過一會兒鼻子就習慣而不在意了。

續・花卉餐廳
〜不道德手法

用腐臭吸引蒼蠅

高山植物的黑百合是很罕見的巧克力色。把臉靠近它時，哇！好臭！上面還有沾滿花粉的蒼蠅在飛來飛去。黑百合用惡臭欺騙蒼蠅，迫使牠們免費工作，且不提供任何食物。

熱帶植物中因世界最大的花而聞名的大王花也是帶紅的巧克力色，散發著與黑百合相似的惡臭。我也被這股神祕的腐敗之美所吸引。

味道最強烈的，是夜晚熱帶雨林中盛開的巨花魔芋的臭味。它利用模仿動物屍體的腐爛臭味來吸引埋葬蟲(在屍體上產卵的甲蟲)，迫使牠們運送花粉。

佯裝蘑菇的花

細齒南星的花，看起來像是一條舉起頭要攻擊的蛇。在茶色的兜帽內，小小的花沿著花軸緊密排列。軸的尖端像棍棒一樣鼓起，這就是產生臭味的裝置。蕈蚋被類似蘑菇的臭味吸引，在兜帽中溜搭閒晃。但這只是個陷阱，既沒有佳餚，也無法產卵。在花上徘徊的過程中，蕈蚋已起了運送花粉的作用。

細齒南星有雄株和雌株。雄株的兜帽下擺處有一個小縫隙，蕈蚋在沾滿花粉後可由此出去，但是雌株沒有縫隙。蕈蚋以花的授粉作為交換，卻被困在花朵陷阱中，可憐的生命就此殞落。

變成雌蜂的花

有些花會偽裝成雌性來欺騙雄性蜜蜂。蜂蘭的花連細節都和熊蜂一模一樣，而且會釋放雌性的性費洛蒙，讓雄蜂誤信這些花是雌性並與之交配，進而沾上花粉。

澳洲的錘蘭，也是利用假雌性和性費洛蒙來引誘雄蜂。雄性試圖帶著毛茸茸的假雌性飛走，但鉸鏈狀的結構使其像鐘擺一樣擺動，碰撞到等待著的雄蕊和雌蕊，迫使運送花粉。這朵花的奇妙立體結構，是一個經過巧妙計算的陷阱。

世界各地似乎都存在著不道德的商業行為。請務必警惕可疑的邀請。

黑百合是盛開在本州和北海道高山上的百合科多年生草本植物。會釋放臭味，引誘蒼蠅來運送花粉。

你知道嗎？ 大王花是一種寄生植物，寄生器官鑽入葡萄科蔓藤植物體內，只有在開花時才會出現在外界面前。

留意這些不道德的商業行為！

細齒南星

天南星科的多年生草本植物。雌株的兜帽前方部分被切除。上方長著球棒形狀的「附屬體」，最下面是雌花群，也發現了已經死去的蕈蚋。

蜂蘭

地中海地區的一種蘭花。花的唇瓣部分偽裝成整隻熊蜂的樣貌，甚至還有濃密的細毛，同時還會釋放雌性的性費洛蒙來誘惑雄性的蜜蜂。

錘蘭

花朵的唇瓣偽裝成雌性的土蜂。當雄蜂試圖抱著「雌蜂」飛走時，會因為其鉸鏈狀的結構，讓雄蜂猛力撞向雄蕊和雌蕊所在的柱頭。

別有洞天！微觀蒲公英

我試著用放大鏡觀察蒲公英的花。即使是熟悉的花，透過微觀視角來看也會有截然不同的感受。

雌蕊的前端是捲曲的！

蒲公英

關東蒲公英的頭狀花序的斷面

花軸基部的總苞不會反折。在總苞的保護下，種子寶寶排排站好。

花瓣前端

用放大鏡觀察，可以看到花瓣的尖端就像五趾襪一樣被分成了5個小部分。

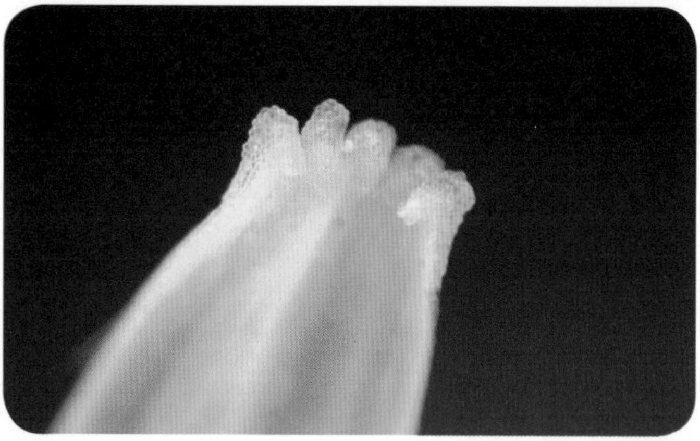

一朵蒲公英（頭狀花序），其實是由許多小花聚集而成的。你瞧，那些前端分叉的雌蕊，都一齊伸著懶腰呢！花在數天的時間內，早晚開合地開花。接著在經過約兩週的開花期間後，就會變成圓形的棉帽。

看似一朵花，其實是許多的花

如果靠近仔細觀察，可以看到前端渾圓的雌蕊，全部都捲捲的。蒲公英的花，其實是由許多花聚集而成，看起來像單片花瓣的部分，實際上是一朵花。

輕輕地拔出一朵花，會看到長長一根與舌狀花瓣相連的雌蕊。靠近根部的地方，

你知道嗎？

日本江戶時代盛行蒲公英（關東蒲公英）的栽培，當時的圖鑑中描繪了許多園藝品種。

試著仔細觀察

單1個花打開的樣子

右起依序為，①花苞的狀態，②雌蕊從雄蕊之間伸長，③雌蕊的尖端一分為二，④雌蕊的尖端捲曲成圓圈。

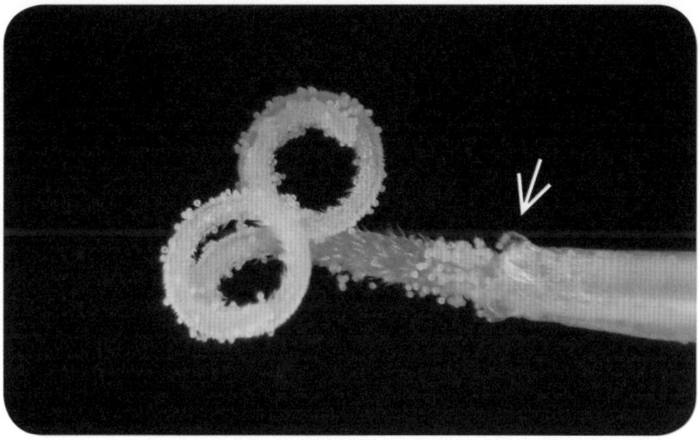

雌蕊的前端與花粉的顆粒

雌蕊從包覆雌蕊的薄膜狀雄蕊的最深處（箭頭處），一邊擠出花粉一邊伸長，並捲曲成圓圈。

則是白色的絨毛和小種子寶寶，正在等待著在空中飛翔的日子。

蒲公英等菊科的「花」都是由許多花聚集而成的，被稱為「頭狀花序」。蒲公英的頭狀花序，是由150個左右的小花所組成。

用放大鏡窺探的萬花筒世界

用放大鏡觀察一朵小花時，就像看萬花筒一樣美麗，並且有許多有趣的發現。

再仔細一看，會發現蒲公英的花瓣前端被分成了5個小部分。應該是原本有5片的花瓣，被黏在一起變成1片了吧。

雌蕊的前端分裂成2個部分。如果與即將綻放的花朵相比較，還可看到雌蕊伸長的樣子。說到雄蕊在哪裡？它就緊緊包覆在雌蕊的軸上，把花粉撒在雌蕊的軸上將其送出。

花萼又是在哪裡呢？它已經變成了絨毛（冠毛）。

從乳液到輪胎。外來種與原生種

當你撕開蒲公英的葉子或莖時，會流出白色乳狀的汁液，沾到手指的話會黏黏的。乳液中含有天然橡膠成分，接觸空氣後會像膠水一樣凝固。蒲公英除了用乳膠來保護傷口外，還會用來封住啃食它們葉子的昆蟲的嘴，對抗敵人。

同屬的橡膠草含有大量的橡膠成分，在物資枯竭的二戰期間，蘇聯和歐美各國皆栽培用於作戰車輛的輪胎。最近，作為次世代資源植物而再次受到關注。

再來觀察蒲公英吧。從側面看，如果花瓣下方的綠色部分（總苞）反折的話，則是外來種的西洋蒲公英或其雜交品種。它們已經適應了城市環境，在路邊看到的大多是這種。

關東蒲公英等日本原生種的蒲公英，也在大片綠地和歷史悠久的河岸上展現生機。根據地區的不同，或許還能看到白花蒲公英的白色花朵。

好了，出去走走吧！蒲公英的花正在用笑臉等著我們呢！

試著仔細觀察蒲公英

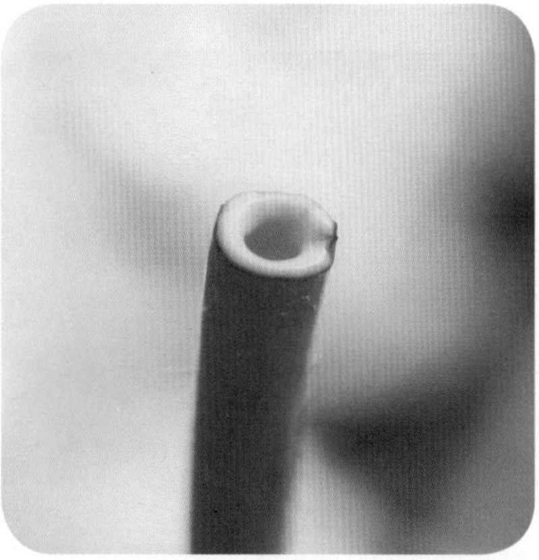

蒲公英的乳液

切開花莖和葉子會流出白色的乳液。乳液除了橡膠成分還含有苦味物質，對動物有防禦作用。

西洋蒲公英的頭狀花序，總苞反折。

你知道嗎？

如果把蒲公英的花莖剪成約 3 公分長，上下切開後浸入水中，兩側會捲曲成圓鼓狀。如果穿過牙籤並吹氣，就變成風車了。

第二章 夏天的路邊植物

Summer

萱草

別名忘憂草。成群生長在鄉下的田野裡，春天可採摘嫩芽來食用。

繡球花在梅雨季節，一邊展現微妙的色彩變化，一邊溫潤綻放。日本孕育出美麗的園藝品種，在世界各地廣受喜愛。

額開型繡球花（園藝品種）。內側聚集著小小的兩性花，外圍則有美麗花萼拓展而成的裝飾花環繞著。裝飾花的中心也開著小花，但沒有繁殖機能也不會結出果實。

梅雨季的繡球花

人類和昆蟲都為之著迷

野生的額繡球花。分布於房總・伊豆半島、伊豆諸島、小笠原諸島的日本特有種。適應海岸環境，葉片厚實有光澤。

繡球花

園藝品種的繡球花。從野生的額繡球花中選拔出花全部變成裝飾花的植株所育成。花一開始是藍色的，之後會逐漸帶點紅色。

你知道嗎？

繡球花可透過扦插輕鬆繁殖。花開過後，不妨試著把莖切成約 10 公分的長度，並保留些許葉子，然後插入赤玉土中。

野生的山繡球花。自於於太平洋沿岸的山澗邊，比額繡球花小，葉子沒有光澤。花的顏色和形狀變化很大。

山繡球花

山繡球花的手鞠品種。山繡球花系的品種嬌小，在小庭院或盆栽中也很容易栽培。

蝦夷繡球花上的花金龜。

蝦夷繡球花，是分布在北陸地區以北的日本海沿岸和北海道的日本特有種。花是藍色的。生長在山上潮濕的地方。

園藝品種的紅額繡球花據說是山繡球花和蝦夷繡球花的雜交品種，裝飾花是紅色的。

你知道嗎？

花後不剪的話，兩性花會變成狀似頭頂上立了 3 根短天線的果實。
果實在晚秋時成熟，無數細小的種子隨風飄散。

在梅雨季節一邊改變顏色一邊溫潤綻放的繡球花。以日本野生種的額繡球花和山繡球花為基礎，孕育出了豐富多彩的園藝品種。

宣傳要員的裝飾花 行動部隊的兩性花

額繡球花又稱為「額紫陽花」。聚集的小花外圈環繞著大花，看似鑲了邊框。外圍的大花稱為裝飾花，內側的小花稱為兩性花。

兩性花雖然小小的並不起眼，但是具有健全的雄蕊和雌蕊，授粉後就會培育出大量種子，可以說是花的實際行動部隊。

裝飾花很醒目，不停向昆蟲顧客施展魅力。但是，雌蕊萎縮得很小，沒有結果實的能力，可說是捨身（果實？）工作的宣傳人員吧！裝飾花看起來像花瓣的部分是花萼，當兩性花陸續綻放的約20天期間內，能不褪色地保持美麗，專心招攬顧客上門。

另外，整個花序的形狀就像是一個大型的直升機停機坪，即使是笨拙飛行的甲蟲也能輕鬆著陸。花朵朝上，盛滿盛情款待的花粉。各式各樣的昆蟲在花朵上舉辦宴會，並在離去時運送花粉。

藤繡球

蔓性繡球花，用攀緣根貼在樹幹和岩石上攀爬。在歐美被種植在屋外的牆上。圓圈內的是花序。

繡球花的原生種 額繡球花與手鞠繡球花

裝飾花圍繞著兩性花的開花方式，在園藝中稱為「額開型」。

另外一種是發生了罕見的突變，導致所有內側的兩性花都變成了裝飾花，也就是「手鞠花型」。繡球花這個植物名，狹義上是指額繡球花的手鞠品種，但一般來說，包括額開型品種、山繡球花品種或雜交種等在內的園藝品種群，都廣泛稱為繡球花。

原生種的額繡球花，是分布在房總到伊豆周邊沿海地區的日本特有種。適應海岸環境且耐乾燥，葉片厚實有光澤。日本江戶時代被運到歐洲經過出色改良的品種群稱為洋繡球，並傳回日本。

山繡球花是生長在太平洋沿岸山區的種類，整體較為嬌小，葉子沒有光澤。江戶時代以後，培育出了多彩的花色、手鞠花型、重瓣花型等許多的園藝品種。花祭法會上供奉的甜茶，就是以變種的繡球花為原料。

此外，花朵是藍色的蝦夷繡球花，也是園藝品種的原種。

茂密的樹形 壽命短的枝條

當繡球花的枝條在末端形成花序時，就會停止生長，然後長出側枝。每年重複這個過程，變得低矮而茂密。

然而，如果反覆這種生長方式，枝條會變得擁擠，葉子也會重疊，不利於獲取光線。因此，繡球花會透過讓自己的枝條枯萎來解決這個問題。

枝條大約5~9年左右會枯萎，由健康生長的新枝取代。枝條的內部呈海綿狀，乾燥後會變得非常輕，是一種降低成本的一次性設計呢！

千變萬化的花色 與土壤酸鹼度的關係

繡球花在開花過程中會改變顏色。從花苞的綠色到白色，然後逐漸帶點藍色或紫色，到了兩性花開的時候會變成鮮豔的顏色。在接近開完花時，則會逐漸染上紅色。

這種顏色變化，與呈現紅色、藍色和紫色的花青素特性有關。接近開花時，花青素會被合成，使花朵變成藍色或紫色，但當接近開花結束時，細胞會隨老化而囤積酸性廢物，使得花青素和石蕊試紙一樣變成紅色。

花朵的顏色也會根據土壤的性質而改變。如果土壤是酸性的，它會變成藍色；如果是鹼性的，它就會變成紅色。這與石蕊試紙的結果恰恰相反呢！

原因是土壤中含有鋁。如果土壤呈酸性，鋁就會溶解而被根部吸收，並與花青素結合，導致性質發生變化而讓藍色增加。土壤呈鹼性，鋁就不會溶解，所以花色會接近紅色。土壤的性質若不均勻，即使是同一株，花色也會有微妙的變化。

日本風土孕育出來的繡球花，有著美麗出色的造型和千變萬化的花色，令世界各地的人為之著迷。

你知道嗎？

裝飾花呈重瓣型的「七段花」，是繡球花的品種之一。經西博爾德記載後，一直是只聞其名的夢幻之花，但在 1959 年於日本六甲山再次被發現。

繡球花的花色變幻自如。隨著時間的推移和土壤的性質，顏色會發生微妙的變化。即使是在相同的花序中，顏色也可能有所不同（圓圈內）。

更多繡球花的不可思議與歷史

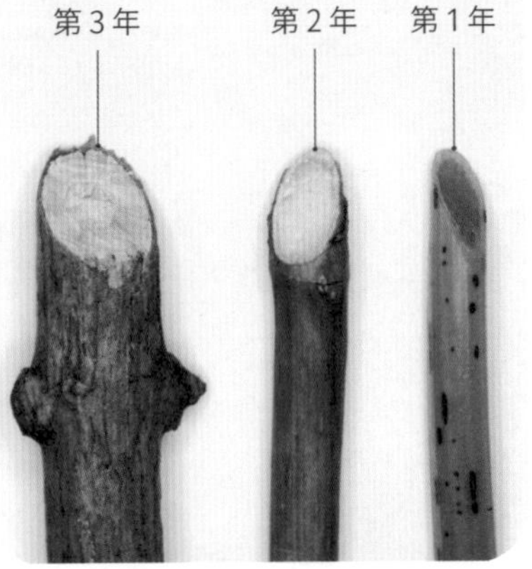

繡球花的枝條與切面

我試著切下院子裡繡球花的枝條。由右起依序為第1年、第2年、第3年的枝條。切開的枝條，內部的髓呈海綿狀且柔軟。繡球花的枝條壽命很短，通常只有5年左右，最長也只有9年左右，照片中的3年枝也已經開始枯萎了。枯枝的髓白而蓬鬆且很輕。

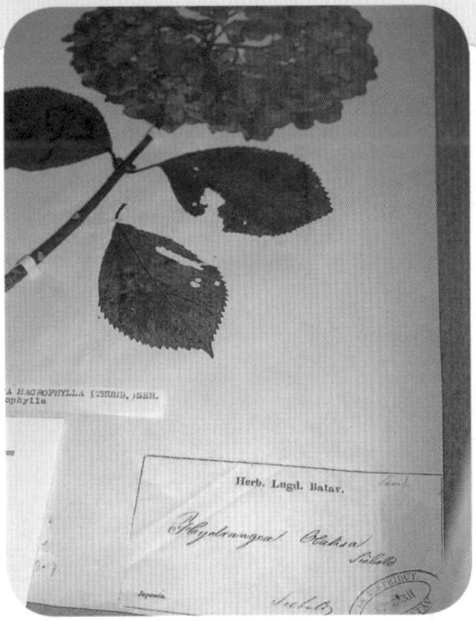

西博爾德的繡球花標本

日本江戶時代在長崎滯留的荷蘭醫生西博爾德採集了大量的植物作為標本。他愛上了手鞠繡球花的溫雅風情，並以他日本妻子的名字otaksa（お瀧さん）作為學名。圖中右下角可以看到Hydrangea otaksa字樣和西博爾德的親筆簽名。

纏繞在鐵絲網上的王瓜，使用的秘密道具是「卷鬚」。但這可不是單純的捲曲而已，還涵蓋探索支柱的旋轉運動、迅速移動、彈簧形成、認知功能等多種特殊能力。

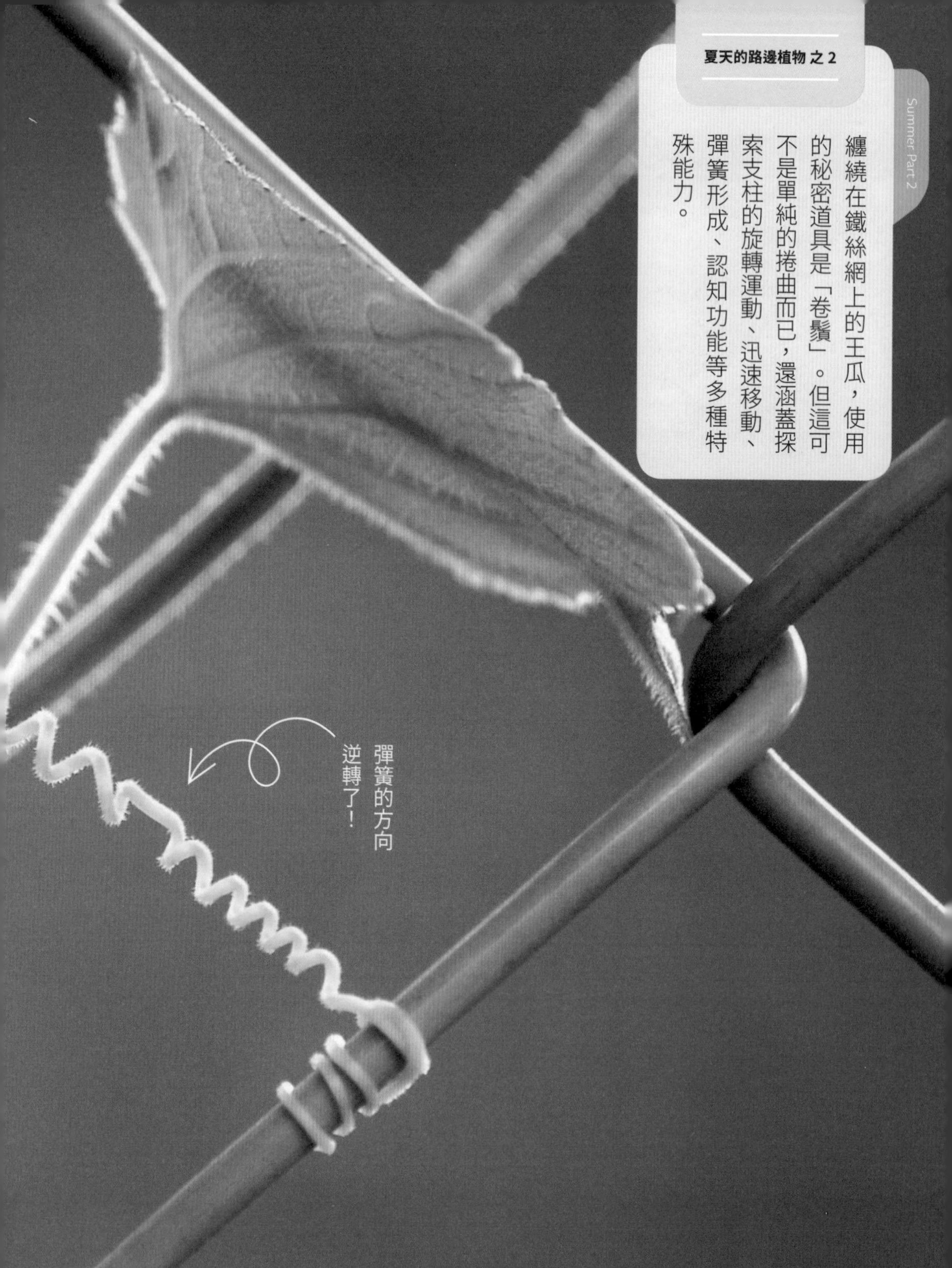

卷鬚不是只會捲曲而已

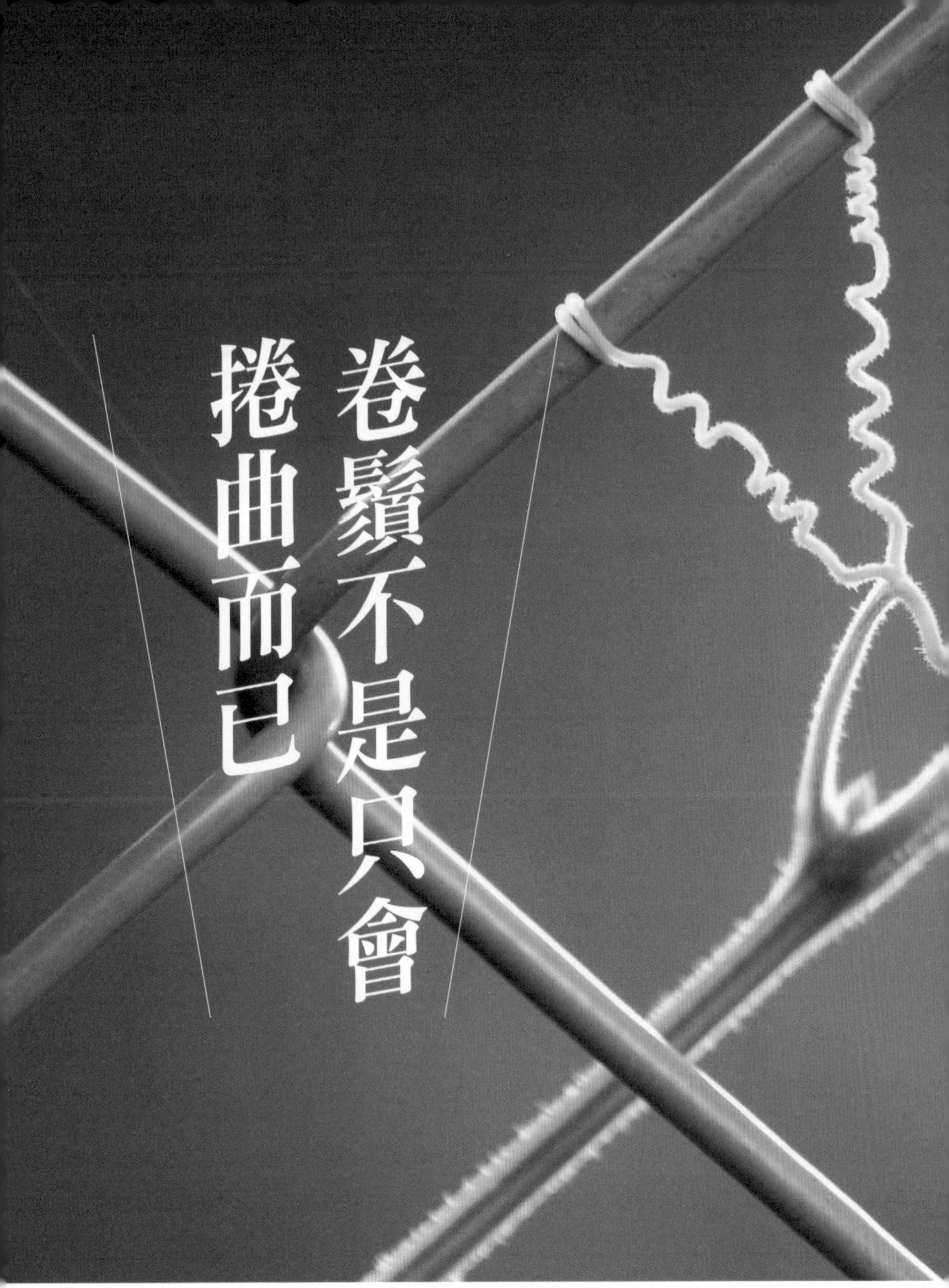

院子裡的苦瓜今年也很健康地伸展著藤蔓。在藤蔓上，我發現了精巧的彈簧！

探索周遭環境，一發現目標就纏上去

王瓜、苦瓜、小黃瓜等葫蘆科的藤本植物，與莖自體纏繞的牽牛花不同，是用卷鬚纏繞在支柱上。

在藤蔓的先端，葫蘆科的卷鬚以畫大圓的方式緩慢移動，尋找可以支撐的物體。如果將這種狀態的卷鬚靠到支柱上，大約30秒後，卷鬚就會開始彎曲。根據氣溫等的不同，快的話10分鐘內就會繞1~2圈。它肉眼可見的驚人速度，如果把手伸出去後靜止不動，可能也會纏繞在你的手指上。

反向纏繞 伸縮自如的彈簧

卷鬚的快速運動，是由於對接觸刺激產生反應，使內表面的細胞緊緊收縮而產生的。

像這樣先端捲起來的話，接著就會產生彈簧。幾個小時內，卷鬚就會變身為精巧的彈簧，伸縮自如地吸收風引起的搖晃，防止藤蔓被撕裂。

有趣的是，彈簧的纏繞方向總是會在中途反轉。兩端固定的卷鬚，以接近中間的地方為起點，向兩端進行扭轉，所以彈簧的方向會在中途反轉，兩側產生相同數量、方向相反的彈簧。

各式各樣的卷鬚

葫蘆科的卷鬚，主要是從莖變化而來的，如果仔細觀察，會發現捲曲的部分有正反兩面，斷面看起來也是方形的。

葡萄科植物的卷鬚，和葫蘆科的卷鬚極為相似，但仔細看會發現斷面是圓的，其實它是由花序變態而來。

豆科的豌豆，複葉的一部分變成了卷鬚。菝葜是利用托葉，而鐵線蓮則是利用葉柄來發揮卷鬚的作用。

徹底改變卷鬚功能的是葡萄科的爬牆虎。卷鬚的先端變成吸盤貼在牆上，成功開拓了競爭者極少的牆壁這一塊新天地。

卷鬚也具有識別對象物的能力。據說葡萄科烏蘞莓的卷鬚，具有區分自身和其他物種的能力，鮮少纏繞在自己和同一物種的葉子和莖上。

這個夏天，請務必試著觀察一下烏蘞莓、王瓜、苦瓜等周遭植物的卷鬚。

你知道嗎？

在日本平安時代，會將爬牆虎的樹液熬煮成甜糖漿。
這就是芥川龍之介的《芋粥》中也出現過的「甘葛」。

不可思議的卷鬚

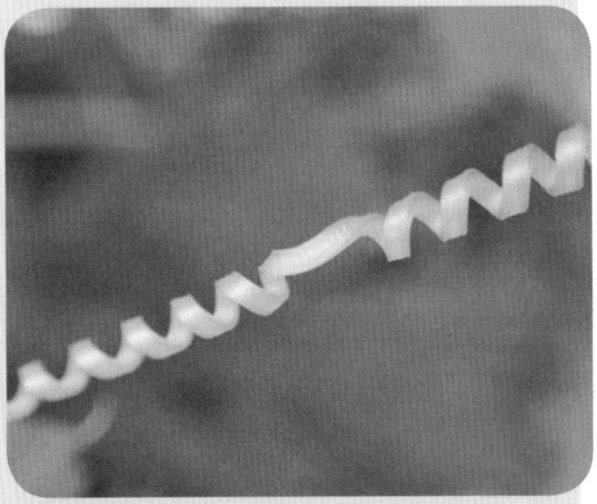

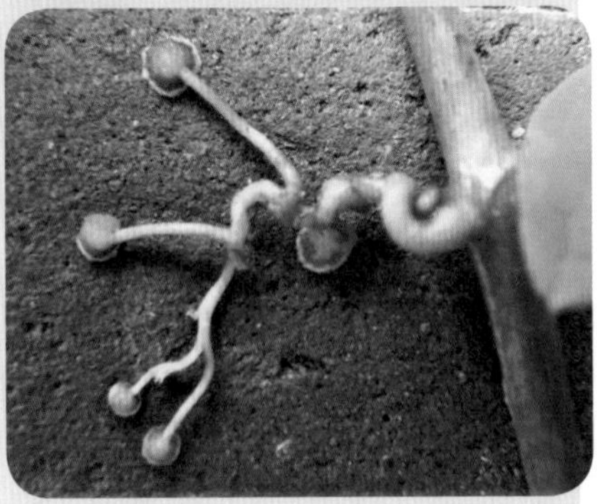

上／苦瓜的卷鬚是莖的變形。只有正面有毛。彈簧靠近中間的地方，有一個扭曲的反轉部位。
下／爬牆虎的卷鬚是花序的變形。先端形成的吸盤一接觸到牆壁就會變成圓盤，分泌黏液黏附在上面。

卷鬚 3 步驟

苦瓜藤蔓的先端。卷鬚是①緩慢旋轉，探索周遭環境，②先端纏繞，③扭曲形成緻密的彈簧狀。

雨季時節，在濕漉漉的草木中，芋頭的葉子就像變魔術一樣防潑水。究竟是怎麼一回事呢？

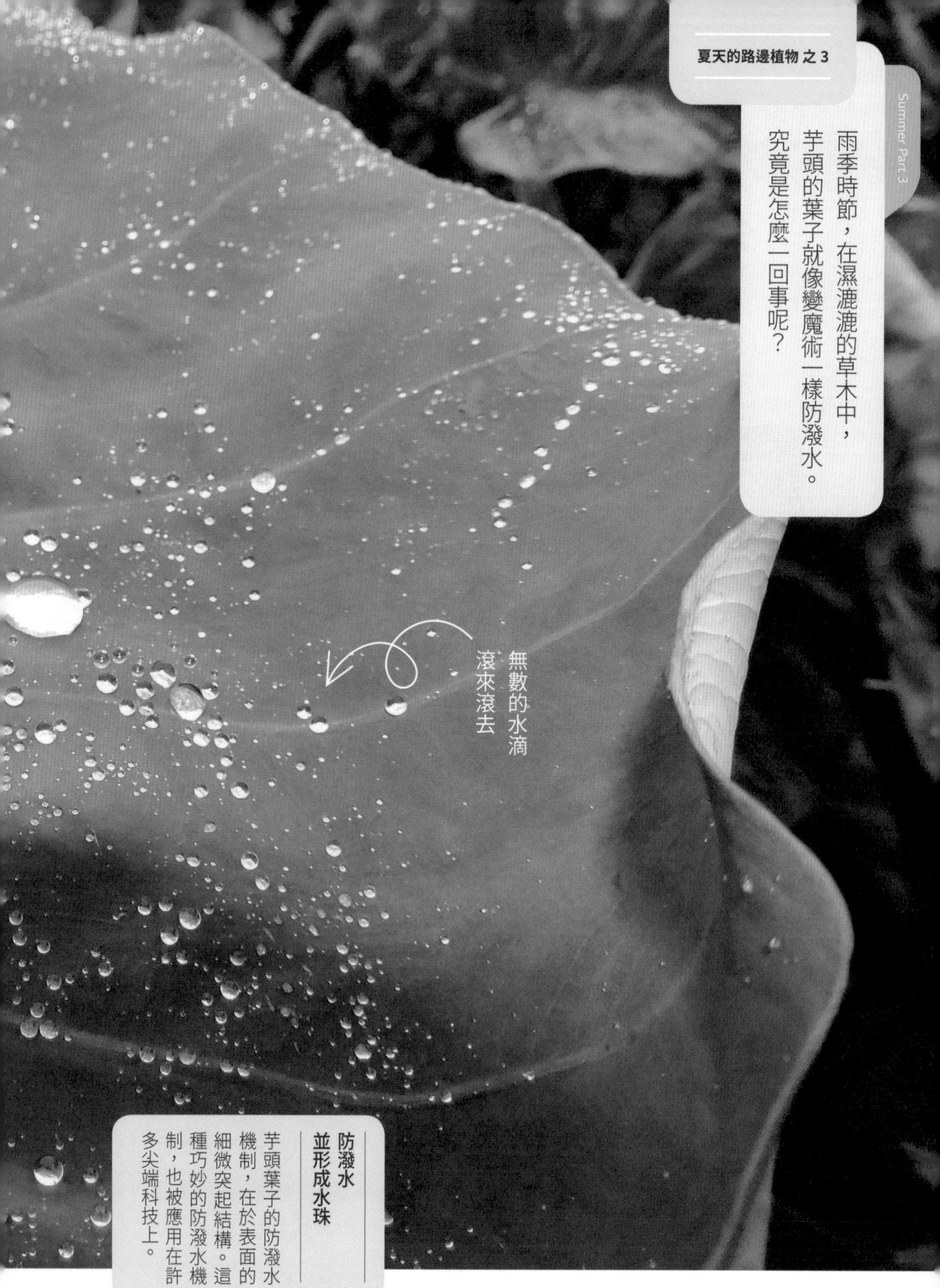

防潑水並形成水珠

芋頭葉子的防潑水機制，在於表面的細微突起結構。這種巧妙的防潑水機制，也被應用在許多尖端科技上。

滾動的水珠

葉子的防水功能之謎

雨天的芋頭田。大葉子被水淋濕後不會變重，而是變成雨珠的形式滾動。

利用細微突起防潑水的「蓮葉效應」

無論是用肉眼看還是用手撫摸，芋頭的葉子表面都很光滑，看起來並沒有什麼特別的裝置。然而，如果用放大鏡或顯微鏡觀察時，你可以看到葉子的表面有無數的點。微小尺寸的球狀突起密集覆蓋著葉子的表面。

你知道有不沾米粒的飯匙嗎？其中一面施有遠比飯粒還小的突起加工處理，減少與米粒的接觸面積，所以不會沾黏在一起。

芋頭葉子的表面就像這種飯匙，上面密布著微小的突起，可以彈開水滴。除了接

你知道嗎？ 蓮藕並不是根，
而是蓮花為了儲存養分而膨大的地下莖。

仔細觀察芋頭的葉片

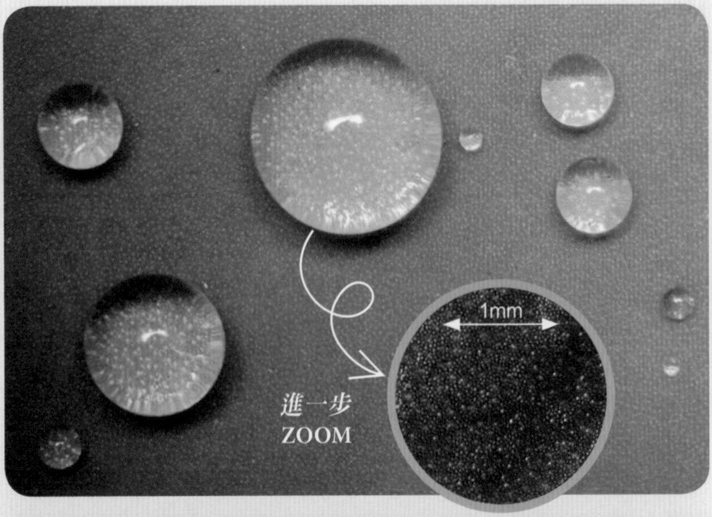

上／水珠代替了鏡頭，可以觀察到細微的突起。
下／水珠在滾動的同時會收集灰塵，可保持葉面的清潔。

觸面積小之外，因為突起之間還含有空氣，所以水會因表面張力而變成圓珠在葉子上滾動，並從邊緣低落。

蓮葉也有相同的機制，因此這種表面佈滿微小突起的防水機制被稱為「蓮葉效應」。

防污保潔

為什麼芋頭和蓮葉的防潑水效果很發達呢？

兩者都是長葉柄的頂端支撐著向上的大葉子。如果葉子被淋濕後在表面積一層水，葉子就會變重而支撐不住。原本是不同起源的2種植物，卻從共同的需求進化出相同的構造和功能。

配備的葉片們

蓮葉可見的「蓮葉效應」

蓮花有漂浮在水面上的葉子和直立的葉子。兩者都和芋頭葉一樣，通過細微的表面構造將水彈開並使其滾動。

滴水蓮葉

下雨天，積水的蓮葉因重量而晃動，一口氣把水滾落。蓮花的氣孔是在葉子的表面，如此一來還可順便清洗乾淨，保持葉子的清潔。

蓮葉效應還有一個卓越的功效，那就是水珠在滾動的同時會收集葉片表面的塵土和垃圾，然後將它們一併清除掉。藉由替葉子去污保持乾淨，也可讓光合作用的能力維持在高點。

芋頭和蓮葉的蓮葉效應，也被應用於雨傘、優格的蓋子、防污牆等各種素材的劃時代防潑水技術。

雨天發現的植物巧妙之處

陰鬱的雨天，也稍微改變視角去觀察植物如何？

酢漿草的心型葉片上也有滾動的水珠，這也是蓮葉效應。請找看看吧！

你知道嗎？ 日本厚朴的大葉片被用於高山地區的鄉土料理（朴葉壽司和朴葉味噌）。花的最大直徑為 18～20 公分，也是日本植物之最。

具有防潑水

鐵馬鞭用毛把雨彈開變成水珠

豆科鐵馬鞭的葉子，撫摸起來就像小貓一樣毛茸茸的。仔細一看，可發現表面的毛支撐著水滴。

在下雨天把雨水連成水珠的日本厚朴

日本厚朴的葉子很大片，長度達30公分。落下的雨水會被彈開成水珠，沿著葉脈落下。

鐵馬鞭的葉子上也有水珠，但是靠近仔細一看，會發現是表面密生的毛支撐著水珠。

日本厚朴的葉子上也有無數閃閃發亮的水珠。水珠聚集在葉脈後被抖落，從水的重量中拯救了特大尺寸的葉子。

只有雨天才能見到的美麗世界，發現的喜悅，心也會隨之閃閃發光。

儘管夏季炎熱，仍繼續華麗綻放的美麗花朵。帶你一窺美肌美人的秘密。

紫薇是千屈菜科落葉灌木或小喬木，原產於中國南部。從夏天到初秋長時間綻放，但不是一朵花開得很久，而是從陸續凋零的殘花旁綻放新的花朵。

美肌和假雄蕊 紫薇的秘密

在炎熱季節長時間盛開 從中國傳入的園藝植物

紫薇是原產於中國的落葉樹。雖然不太清楚是何時傳入日本，但是2010年在京都平等院池底堆積的平安時代泥土中發現了花粉，證明當時已經傳入栽培了。

紫薇又名「滑猴樹」。成片剝落的樹皮撫摸起來相當光滑，即使是猴子也爬不上去，因而得名。花苞從夏天到秋天陸續綻放，花期很長，所以也被稱為「百日紅」。

花朵讓人聯想到纖細的千代紙工藝品，在舒展的枝頭成簇綻放。常種植在庭院和公園裡，樹幹被用於茶室的支柱等處。

用光滑的肌膚擊退藤本植物

為什麼紫薇的皮膚會變得如此光滑呢？樹木通常是透過在樹幹的外側蓄積木栓層，然後形成死組織的厚樹皮來保護樹幹。但是，紫薇的木栓層會不斷剝落，使得樹幹的活組織在非常淺的位置存活。

紫薇光滑的樹幹上也不會纏繞蔓生植物，也不會被攀爬的枝葉覆蓋。捨棄厚樹皮的防護，藉由露出的光滑肌膚來擊退難纏的敵人，可說是一種逆向思維。

據傳，如果你搔紫薇的樹幹，樹枝就會搖晃而笑。這也是因為外露肌膚而產生的有趣幻想吧！

隱藏企圖的長短雄蕊

我們挑一朵花來看看吧！花萼和花瓣各有6片。雙子葉植物通常是4或5片，所以它的構成算是有點罕見。

中央有一根雌蕊。周圍有許多黃色醒目的雄蕊。仔細一看，喔呀，長得不起眼的雄蕊也有6根。

事實上，對受精有幫助的只有長雄蕊產生的花粉。短雄蕊的花粉是吸引昆蟲的仿製品，不含關鍵基因，也沒有受精能力和氮含量，但準備了大量的葡萄糖作為款待。作戰策略是利用不含價值成分的低成本假花粉引誘昆蟲，並且把將重要的花粉低調隱藏，伺機附著在享用美食的昆蟲背上，使其運送到其他花朵的雌蕊上。

翩翩起舞的花瓣禮服也是完成作戰的小道具。花朵的美麗造型中隱藏著縝密的計算，真是令人感到驚訝呢！

重瓣花苞的斷面

你知道嗎？ 分布在日本屋久島以南的九芎，花是白色的。
與紫薇的雜交種紫百日紅，花是淡紫色的，抗病性強，經常被栽培。

突然變異！重瓣紫薇

當花苞打開時，裡面就會出現好幾層花苞，像俄羅斯娃娃一樣不可思議的突變植株。在日本小石川植物園等處可以看到。

美麗花朵與樹幹的縝密戰略

上／光滑的肌膚。樹皮成片剝落，露出帶綠色的內皮。下／短雄蕊以花粉為誘餌，吸引隧蜂前來收集。

據說，美麗的花朵都帶著刺。但是植物為什麼會有刺呢？

枳是芸香科的落葉樹，它的樹枝上有尖銳的刺。冬天落葉後，只剩下帶刺的樹枝。照片中的是春天萌芽的樣子，它可以做為柑橘類的砧木和樹籬。

植物的尖刺防禦大作戰

刺的防衛

玫瑰的刺附著在樹枝的表面，用力的話即可拔除。玫瑰的刺是莖的表皮變形而成的，仔細觀察的話，會發現排列方式也不規則。

好痛！刺扎到手指了。草食動物也不喜歡被刺扎疼。玫瑰的刺也起到了保護自己不受動物侵害的作用。

刺與毒並列為植物的重要防禦手段。薊和柊樹的葉子有刺，可用來對抗草食動物。仙人掌的刺也是葉子的變形。

柚子等柑橘類枝條上的刺，是由腋芽的第一葉變化而成的。日本海棠和火刺木的短枝也已經變成了刺。

把更細小的刺排列在葉子邊緣的是芒草。刺是由矽質構成的，用放大鏡看就像鯊魚的牙齒一樣尖銳，如果不小心摸到的話就會割傷手。

咬人貓的莖和葉上有刺，這些刺含有甲酸和組織胺，刺到的話會導致皮膚紅腫。

栗子的刺是長在橡實的帽子上面，用尖銳的刺保護著營養價值高的果實。

鉤刺

仔細觀察玫瑰的刺，會發現是朝下附著在莖上。玫瑰的刺，還具有鉤住其他物體來支撐莖幹的作用。從玫瑰的原種薔薇和光葉薔薇的姿態即可清楚得知。如果以周圍的草木作為立足點，即可把細枝伸長以節省成本。

蓼科的箭葉蓼和刺蓼的莖上也有向下的刺，憑靠在周遭物體上生長。刺蓼（日文名字是「継子の尻拭い」，意為擦繼子的屁股）這個名字的由來，可以追溯到人們把蜂斗菜等嫩草的葉子用作廁紙的時代。

另外還有一種刺刺的「毛刺」。蒼耳類（請參照P110）的果實成對，被包覆在有刺「總苞」的鎧甲裡。刺的頂端是精巧的鉤狀尖刺，可以黏在人類的衣服或動物的毛上被運送。

進化的刺

金華山是漂浮在日本宮城縣牡鹿半島海面上的一座島嶼。在這裡，鹿被認為是神的使者，從江戶時代開始一直持續著高密度的狀態。島上大多數的植物都有刺或毒。無力招架的植物在這裡是無法生存的。

我曾在金華山測量山椒的刺，長度達13公釐（東京產的是3～7公釐）。薊和遼東楤木的刺的長度也讓人驚訝。為了適應敵人增加的環境變化，刺也會隨之進化呢！

你知道嗎？
山椒的葉子很香，可用於料理。
以前的商家把它種在院子裡，象徵生意興隆的樹。

植物的刺 千變萬化

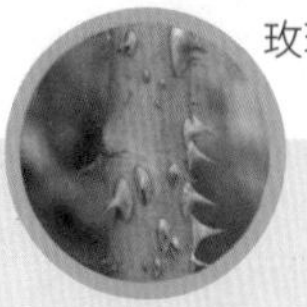
玫瑰

保護自己！

右／翼薊。原產於歐洲的歸化雜草。刺非常尖銳，生長在草坪上會使人因而受傷。

左／蕁麻。出現在安徒生童話《天鵝王子》中的就是這種。以前被用作纖維植物。

鉤住！

右／箭葉蓼（アキノウナギツカミ秋鰻攫）。莖上長有成排的倒刺。如果真的能用來釣到鰻魚就太棒啦！

左／刺蓼。莖和葉柄上有倒刺，會引起刺痛。明明是可愛的花，卻有個讓人感到遺憾的名字！

進化！

右／金華薊。金華山的原生種，刺很尖銳。為了對抗鹿長年的攝食，刺進化得又長又尖銳。

左／金華山的山椒。當鹿的密度高時，刺愈長愈容易存活。圓圈內是東京的品種。

在昏暗森林的地面上，我發現了一些奇妙的東西。明明是植物卻沒有綠葉。它們是如何生存的呢？

在此將介紹不行光合作用，透過「吃」真菌生存的奇怪植物。

錫杖草是生長在山地的杜鵑花科多年生草本植物。全身都是奶油色的真菌異營植物，從口蘑屬的蘑菇中獲取所有的營養。

高約15公分的花莖上開有數朵花的姿態，彷彿古代苦行僧所持有的錫杖。

照片攝於日本富士山五合目附近。

「吃」真菌的植物

利用真菌類的蘭科植物

蘭科植物與真菌類有著很密切的關係。蘭花的種子很細小且無法儲存養分，需藉由引誘真菌的菌絲來吸取養分以發芽。

綬草是一種在草地上盛開的蘭花，其種子也是受惠於真菌的菌絲而發芽。但是當葉子長到能行光合作用時，就會分解體內的菌絲作為自己的營養。換句話說，就是把它們「吃了」。

而且，在蘭科植物中，完全停止葉片生長或行光合作用，一生都仰賴真菌照顧，也就是寄生在真菌上的也不少。全身雪白的泛亞上鬚蘭便是一個例子，在地下從真菌的菌絲中吸取營養來生存。大根蘭也是一種無葉蘭花，但是莖呈淡綠色。儘管可以產生葉綠素卻放棄勞動，把真菌徹底當作食物，過著寄生的生活。

樹木孕育的森林妖精？

杜鵑花科的水晶蘭也是純白的奇妙植物。初夏，在陰暗潮濕的地面上低頭綻放的花，看起來像是帶有銀鱗的龍飛天的模樣，日本也稱為「銀龍草」。

水晶蘭也寄生在真菌類上。贊助者是紅菇科的真菌，提供了所有的養分。

紅菇類被稱為「菌根真菌」，在樹根之間形成植物的根與真菌菌絲一體化的「菌根」，將樹木產生的碳水化合物和菌絲吸收的土壤養分相互交換以生存。從旁介入這種共生關係的是水晶蘭。雖然直接寄生在真菌上，但實際上是通過菌絲從樹木中獲取養分。

從「腐生植物」到「真菌異營植物」

像這樣不帶綠葉而生長在潮濕腐葉土上的植物，至今都被稱為「腐生植物」。但是實際上，並不是從落葉本身，而是從分解落葉的真菌類中獲取養分，所以最近被稱為「真菌異營植物（或菌寄生植物）」。除了蘭科和杜鵑花科以外，還有少數已知物種，也有整體呈茶色或紫紅色的種類。

在我們看不見的地方，植物與真菌類維持著密切的關係生活著。如果你在山野遇到了妖精，請悄悄地觀察吧！

你知道嗎？

水晶蘭，以前被歸類為鹿蹄草科，
但調查 DNA 後得知是杜鵑花科的一員。

山野中居住的「妖精」們

大根蘭

與大花蕙蘭同屬的蘭花，花朵直徑約4公分。生長在日本關東到九州的森林地面上，8～9月開花。沒有葉子，寄生在真菌類上生存。

泛亞上鬚蘭

全白蘭花的一種，可見於日本關東以西鬱鬱蔥蔥的森林地面。花期在東京附近是7月上旬。在地上長出像筷子直立一樣的花莖，開出小小的白色花朵。

水晶蘭

杜鵑花科的多年生草本植物，出現在5～6月的森林裡，整體呈透白色。圓圈內的是地下部，與真菌的菌絲一起形成獨特的「菌根」。

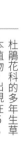

接近秋分之日，到處盛開的紅花石蒜把山野染成一片鮮紅。在美麗的背後隱藏著毒性。

紅花石蒜是石蒜科的多年生草本植物，是古代從中國傳入的。日本的是三倍體系統，不會結果實。照片是埼玉縣日高市巾着田的群生地。

毒可怕 但有用

毒草們

鈴蘭

自生於日本北海道和本州中部的高原。模樣可愛但整株有毒，誤食會引起人類和家畜的中毒症狀。可種在庭院裡的德國鈴蘭也有毒。

洋金花

原產於印度的茄科多年生草本植物。1805年，華岡青洲將其有毒成分用於麻醉藥，成功完成了世界首例的全身麻醉手術。花在夜晚散發著甜蜜的芳香。

人們精心種植的美麗紅花石蒜

過去，人們會把紅花石蒜種在堤防或田畦上。因為這些花不僅美麗，而且還是對人們很有幫助的植物。

葉子在花開過後長出來，不僅秋天到春天保持綠意盎然以防止雜草叢生，夏天枯萎後也不會妨礙農業活動。球根密集地種植在田埂，不僅可防止倒塌，加上有毒，老鼠和鼴鼠都不敢靠近，也可防止牠們建造隧道。在飢荒時期，球根還可挖出來磨成粉末並洗去毒素，成為貴重的食糧。

你知道嗎？

茄科有茄子、番茄、青椒和馬鈴薯等蔬菜，另一方面，卻也包含洋金花、莨菪等廣為人知的毒草。

美麗的

蝦夷烏頭

分布在北海道的一種烏頭屬植物，是日本烏頭中毒性最強的，以前曾被用作狩獵棕熊的毒箭。花在8～9月開花，相當美麗。

夾竹桃

原產於印度的常綠樹，被種植在庭院和公園裡。剪下樹枝和葉子時流出的乳液有毒，曾發生把樹枝用作燒烤串而中毒死亡的案例。

毒是植物的防禦手段
周遭常見的有毒植物

紅花石蒜的毒是石蒜鹼，屬於生物鹼的一種，吃了會引發嚴重嘔吐和腹瀉。生物鹼是植物為了防禦而產生的含氮有機化合物的總稱，其特徵是毒性強。同樣是石蒜科的水仙也含有石蒜鹼，曾有將其葉子錯認為韭菜而誤食致死的案例。

說到底植物為什麼會產生毒呢？對於即使遭受敵人攻擊也無法動彈的植物來說，毒是最強的防禦。毒的生產雖然需要成本，但植物還是會製造毒，保護自己不受昆蟲和草食動物的侵害。

美麗的毒草們

顛茄

茄科的多年生草本植物。早春時在山上率先發芽。含有生物鹼毒素的阿托品等，根莖被用作藥用成分東莨菪萃取物(Scopolia extract)的原料。

馬醉木

杜鵑科的常綠灌木。自生於溫暖地區的山上，也可種植在庭院裡。整株含有生物鹼毒素，因此鹿等草食動物和昆蟲不會吃其葉子。

熟悉的鈴蘭、萬年青、福壽草、白頭翁、聖誕玫瑰、夾竹桃、馬醉木、杜鵑花等也都含有劇毒。馬鈴薯的芽和光照後變綠的外皮部分也有毒。繡球花的葉子也含有氰化物，曾有食用後中毒的案例。

即便如此，還是有昆蟲會吃。夾竹桃蚜不僅對夾竹桃的毒免疫，還會將毒儲存在自己的體內，在對抗天敵肉食性昆蟲時很有用。

人類對抗毒物的悠久歷史

人類也把植物的毒用作藥物或嗜好品。例如取自金雞納樹的奎寧是瘧疾的特效

你知道嗎？

日本三大有毒植物是烏頭、毒芹、馬桑。
其中，據說烏頭的毒性，在天然毒物中僅次於河豚。

福壽草

毛茛科的多年生草本植物，被用作新年裝飾的吉祥植物。雖然徒手接觸沒有問題，但整株含有強心配醣體，曾有口服攝取的死亡案例。

白花八角（圓圈內是果實）

五味子科的常綠喬木。撕裂葉子時會有芳香，用於掃墓的供品。外觀與用作香料的八角很像，但含有劇毒，需格外小心。

藥；咖啡中的咖啡因、香菸中的尼古丁也是生物鹼的一種。日本最強毒草之一的烏頭類也被加工製成藥品。

另一方面，將毒草錯認為蔬菜而誤食的事故也層出不窮。透過圖鑑了解毒草的同時，培養舌頭感覺的敏銳度也很重要。生物鹼全部帶有苦味。換句話說，我們的舌頭以「苦味」來檢測到危險生物鹼的存在，並在吞嚥之前向大腦發出警告。

人類長期以來一直在與植物的毒素鬥爭，同時也聰明地利用它們來生存。

擁有獨特形狀的多肉植物們。接著就來介紹適應乾燥的巧妙生活方式吧！

多肉植物的逆境哲學

我試著把樹蘆薈的
葉子切成薄片。
只有表層含有
葉綠體的細胞和維管束，
內部是廣闊的儲水槽。

海濱公園的樹蘆薈。原產於南非的多年生草本植物，日本自江戶時代起就被栽培供藥用，稱為「不用醫生的植物」。

體內的儲水槽。儲水的構造

多肉植物，是體內的一部分擁有多肉質儲水組織之植物的總稱，例如仙人掌或景天科等植物。為了適應海岸、沙漠、岩壁等暴露於嚴酷乾燥的環境，發展出了耐缺水的特殊身體機制。

植物也生活在嚴酷的世界。想在一個水源、光線、養分都很豐富的地方舒適地生活，勢必將面臨眾多競爭對手的激烈競爭。在極度乾燥的環境中，多肉植物藉由發展儲水組織的方法來避開競爭，開闢出一條生存之道。

多肉植物的分類群相當多樣複雜。有仙人掌科、景天科、番杏科等大半是多肉植物的科，也有像大戟科、夾竹桃科、阿福花科等，其中部分植物為了適應乾燥而變成多肉植物。在遭受乾旱和高鹽分雙重打擊的沿海地區，莧科、茜草科、茄科等分類群中，許多種類演化成多肉植物。部分生活在樹上的附生植物，也具有多肉質的莖和葉。

多肉植物的貯水組織，是具有薄細胞壁的薄壁細胞的集合，吸收大量水分後會像海綿一樣膨脹。仙人掌是莖，景天科主要發育在葉子上，也有根部儲水的植物。

你知道嗎？

樹蘆薈原產於南非。在當地有一種太陽鳥會吸食花蜜並運送花粉。在日本，綠繡眼會造訪花朵。

仙人掌及其斷面

莖的中心是維管束，表層是行光合作用的綠色組織，其餘則是多肉質的貯水組織

多肉植物透過根和體表吸收雨水和霧氣，並將其儲存在貯水組織中，在乾燥時期一點一點地消耗這些水分，藉此在嚴酷的環境下生存。

防止水蒸發的構造。特殊的光合作用迴路

為了保護珍貴的水分，多肉植物大多會用厚厚的角質層（蠟層）覆蓋葉子和莖的表面，以防止水分從表面蒸發。像球狀仙人掌這類整株接近球形的植物，單位體積的表面積就會減少，進一步減少水分流失。仙人掌不長葉片，並用莖行光合作用，作為植物的生活方式也有很大的改變。

變化不僅限於外形和結構。仙人掌和景天科的植物有一種被稱為「ＣＡＭ途徑」的特殊代謝途徑。ＣＡＭ是Crassulacean Acid Metabolism的縮寫，它的意思是在景天科（Crassulaceae）中發現的有機酸代謝。具有這種代謝途徑的植物被稱為「ＣＡＭ植物」，包括仙人掌科、大戟科、阿福花科的蘆薈屬等。

一般植物行光合作用，是以二氧化碳為原料，並利用太陽光的能量製作糖和澱粉。此時，植物會打開葉子的氣孔來吸收空氣中的二氧化碳，但是如果在炎熱乾燥

CAM植物的光合作用機制

晚上會打開氣孔吸收二氧化碳，轉化成蘋果酸後儲存在葉子內部。白天關閉氣孔防止水分蒸發，同時從儲存的蘋果酸中提取二氧化碳，利用光的能量製造澱粉。

的白天打開氣孔，會造成體內的水分外流的損失。

因此，CAM植物在夜間打開氣孔吸取二氧化碳後，會暫時以蘋果酸的形式儲存在葉內。之後在白天會關閉氣孔以防止水分流失，同時分解儲存的蘋果酸取出二氧化碳，用來行光合作用。因為要花費時間和成本，所以光合作用的效率會下降，但是因為水分損失被控制在最低限度，所以即使在普通植物無法生長的嚴峻乾燥地區也能生存。

你知道嗎？

景天在日本稱為弁慶草，
是比喻即使土壤乾涸也能像平安時代，僧兵武藏坊弁慶戰死但仍屹立於大地的樣子。

日本可以看到的多肉植物

自生於沖繩海岸的海馬齒。和石頭玉及松葉菊同為番杏科的多年生草本植物。

大唐米是生長在海岸岩石上的小型多年生草本植物。名字由來是把圓筒形的葉子比作米粒。

毬蘭（夾竹桃科）。亞熱帶藤本植物，攀附在岩石或樹木上。行CAM型光合作用。

岩蓮華（景天科）。生長在海岸和山區岩石上的多年生草本植物。由於過度採集，已瀕臨滅絕。

刺的進化。保護自己的方法

在灼熱的沙漠中，保護自己不受動物傷害的智慧也是必要的。仙人掌把葉子變成尖銳的刺，目的就是為了保護重要的水免受口渴動物的盜取。

仙人掌是美洲的特有植物，但生長在非洲沙漠地區的大戟屬也有滿是刺的直立粗莖，看起來就像是仙人掌。雖然血緣上是陌生人，但都適應了乾燥環境，導致外觀變得極為相似（這種現象稱為「趨同演化」）。

有些植物是在地下設置儲水槽，一般稱為「塊莖植物」，透過在地面或地下的莖和根中發育儲水組織，來承受嚴峻的環境。石頭玉也是埋在沙子裡生活，只露出葉子的頂端來接受光線，其外形與周遭石頭融為一體，讓動物沒有注意到它們的存在。

海岸和山區岩石上也有日本常見的多肉植物

在日本也能看到多肉植物。

在海岸的岩石上常見的景天科大唐米，隸屬於園藝中的景天屬。莧科的海蓬子和安旱莧、番杏科的海馬齒等，也會長出儲水組織發達的圓柱狀葉子。在南大東島看到的厚葉枸杞，如果只看花朵和果實的話，看起來就像枸杞，但它的鑵形葉子是多肉質的，儲存著含有鹽分的水。

生長在山區岩石上的爪蓮華和岩蓮華也有厚厚的多肉質葉子，開花前的樣子讓人聯想到玫瑰花，與同科的石蓮花屬相似。在附著在岩石和樹幹上的附生植物和藤本植物中，也有像蘭科的金釵蘭和夾竹桃科的毬蘭一樣，莖和葉多肉化行CAM型光合作用的植物。

多肉植物是承受嚴峻自然環境而生存的植物，生長緩慢，生長需要很長的歲月。野生物種棲息地有限，數量稀少，有的甚至瀕臨滅絕。請好好珍惜並愛護它們。

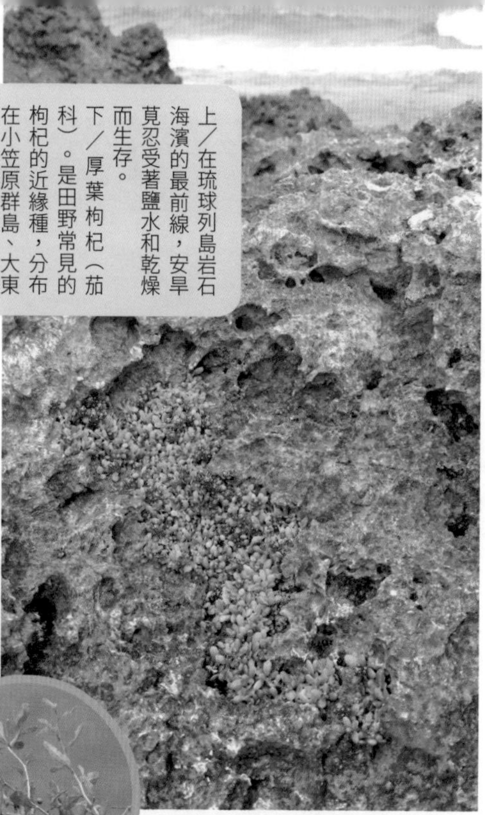

近緣的枸杞

上／在琉球列島岩石海濱的最前線，安旱莧忍受著鹽水和乾燥而生存。
下／厚葉枸杞（茄科）。是田野常見的枸杞的近緣種，分布在小笠原群島、大東群島以及夏威夷。生長在珊瑚礁的岩石上，葉子是多肉質。

你知道嗎？
毬蘭是自生於琉球列島的藤本植物，又稱櫻蘭，也作為觀葉植物栽培。像燈籠一樣綻放的花也很漂亮。

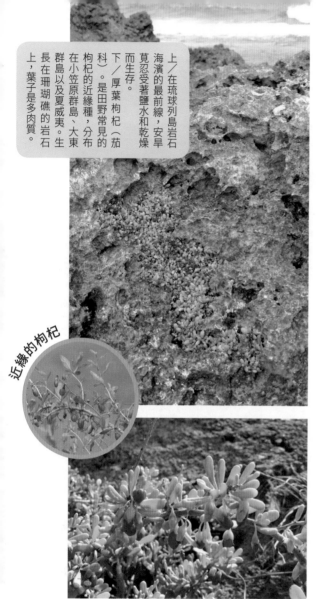

Michikusa
Wonderland
Guide

路邊植物的觀察指南

為了更加享受植物妙趣

Michikusa Wonderland Guide 1

花朵的構造與功能揭秘

我們被花吸引，但是對植物來說，花可說是中繼站，最終目標是結出果實以產生種子。

植物的兩次旅行

植物和動物不同，它們不能動。但是實際上，植物有兩次旅行的時期。

第一次是種子的時候。種子利用風、水和動物移動到新的地方。不僅僅是在空間裡移動，還能忍受著炎熱、寒冷和乾燥，輕鬆地跨越季節。有時甚至跨越了幾十年、幾百年的時間才會發芽。種子是植物們的時空膠囊。

另一次旅行發生在花朵，也就是植物的「結婚」時期。雄蕊製造的花粉被運送到雌蕊，經過授粉、受精，然後產生種子。

風媒花與蟲媒花

但是，要如何運輸花粉呢？

利用昆蟲的是「蟲媒花」。花朵用花蜜和花粉的佳餚來引誘昆蟲。美麗的花瓣和芳香是吸引昆蟲的廣告。雖然要花費材料費和宣傳成本，但是昆蟲會在花叢間飛來飛去，所以成效還不錯。

利用風的是「風媒花」。對風而言，美食和裝飾都毫無用處，所以風媒花的花瓣退化，花朵顯得平淡樸素，既沒有花蜜也沒有香味。花粉的目的地如字面所示是交給風來決定，而在開闊的草原和早春的落葉樹林中效率良好，因此風媒花的比例也相對較高。禾本科是風媒花的代表性植物，以草原地帶為中心繁榮生長於世界各地。

花的結構與雌雄

花由雄蕊、雌蕊、花瓣和花萼組成。雌蕊基部的隆起部分是「子房」，包覆並保護著「胚珠」。當雌蕊的柱頭沾上花粉進行受精的話，子房會發育成「果實」，胚珠會發育成「種子」。

一朵花同時具有雌蕊和雄蕊的稱為「兩性花」。櫻花、杜鵑花、蒲公英等大部分的植物都是兩性花。黃瓜和柿子都有雌花和雄花，但同一株同時具備雌蕊與雄蕊這點是相同的。也有像銀杏一樣具有雌株和雄株的植物，但只是少數派。

動物的雌性和雄性通常是分開的，但植物大多是雌雄同體。無法自行移動的植物，或許是擔心丘比特遲遲不來，為了保險起見，而把雌雄器官配置在同一株上了吧！

為什麼會開花？

但是，為什麼植物要費盡心思地開花呢？如果只是想增加數量的話，不要遵循辨別雄性和雌性的麻煩步驟，使用球根或地下莖來繁殖明明更快更輕鬆。

所有用球根和地下莖增加的植株，都是與其親代基因相同的無性繁殖。因為都具有相同的性質，所以有可能因為環境的驟變或疾病的流行而全軍覆沒。

另一方面，透過開花來接受其他植株的花粉所產生的種子，具有各種的基因組合。也正因為如此，才能在漫長的歷史中生存下來。雖然留有萬不得已時就用自己的花粉授粉的捷徑，但植物還是會開花。

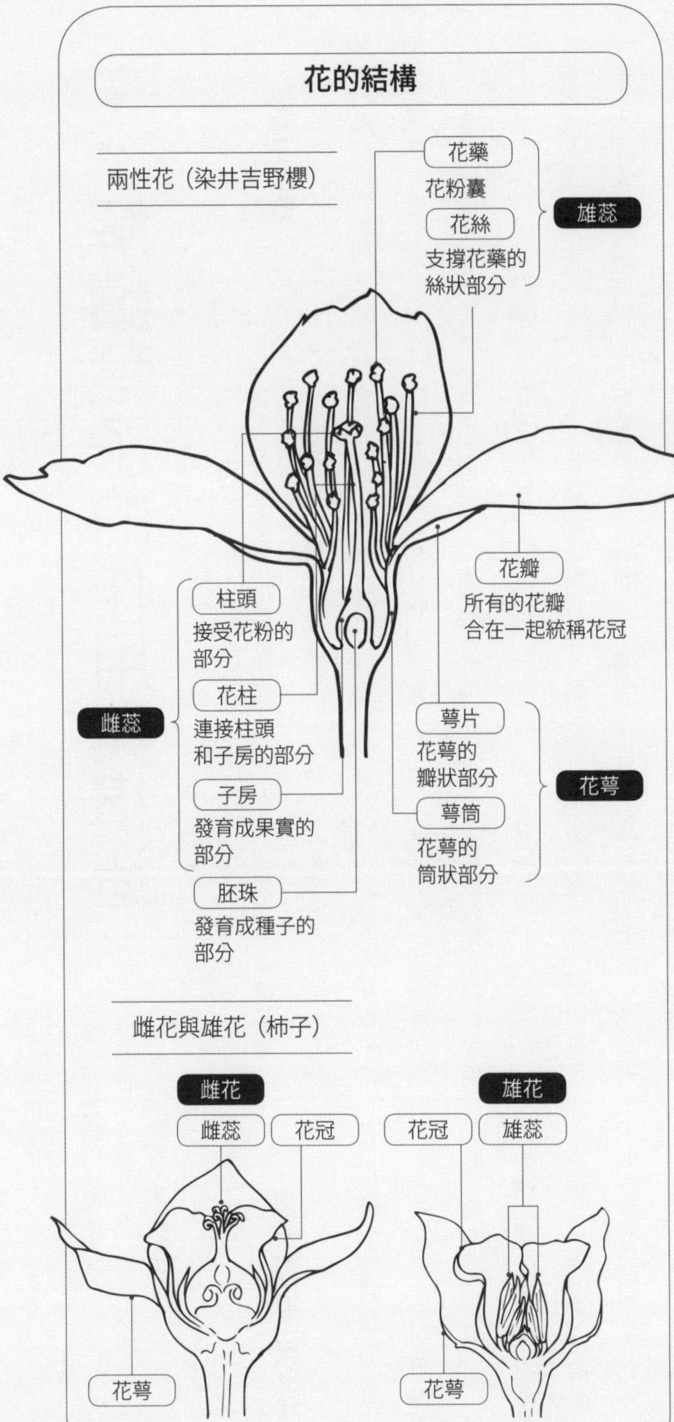

Michikusa Wonderland Guide 2

解讀葉子的作用與構造

葉子是植物的生產部門。它負責吸收陽光以進行光合作用，藉此製造營養、產生能量。

葉子工廠

葉子的內部排列著帶有綠色顆粒的細胞。這些顆粒是葉綠體，含有綠色色素的葉綠素和黃色色素的類胡蘿蔔素。利用光能從大氣中的二氧化碳和水製作糖的過程稱為光合作用。

有了糖作為原料，也能製作蛋白質和脂質。包括人類在內的動物，通過直接或間接食用植物來攝取必要的營養。

給葉子工廠提供土壤養分和水分的是葉脈。葉脈中有被稱為維管束的輸送管，負責將水分及養分從根部運送到葉子的是木質部，將葉子產生的糖分運送到莖和根部的是韌皮部。葉脈受到結實纖維的保護，也擔負著支撐葉子的作用。

為了有效地獲得光線，植物會將枝條拓展開來，避免重疊地排列著葉子。

落葉樹與常綠樹

在空中擴展開來的扁平葉子，並不耐低溫和乾燥。也因此，植物要麼選擇在冬天之前落葉，要麼耗費成本長出能夠抵禦寒冬和乾燥的健壯葉子。

冬天會落葉的是落葉樹，選擇的是擴展出低成本的輕薄葉片。另一方面，葉子長得又厚又結實且表面覆蓋著蠟質，可以耐用1年以上的則是常綠樹。

落葉樹在入冬之前，會在葉柄和樹枝間形成一種稱為「離層」的木栓質組織，有計劃地分離葉子。當葉子工廠關閉時，它們會分解葉綠素，並將含有的氮素和磷等寶貴資源移轉到樹枝上。紅葉和黃葉是這項回收活動的一環。

針葉樹的針狀和鱗狀葉耐寒，在寒冷地區形成森林。

葉子的構造與形狀

植物的身體是由〈葉＋枝＋芽〉這一系列單位所組成。即使把樹枝剪斷，葉子旁邊的芽（腋芽）也會生長恢復。植物雖然不能動，卻具有絕佳的再生能力。

葉子由接受光的部分（葉身）和柄（葉柄）構成，藉由調節葉柄的長度和方向來接受光線。

一枝葉柄上分出多個部分（小葉）的葉子稱為複葉，凋落時葉軸和小葉的各部分會各自散落。只有連接一片葉子的稱為單葉。

葉子的結構

複葉

羽狀複葉

這樣是
一片葉子！

分成多個部分的葉子
稱為「複葉」。
腋芽著生在葉子的基部，
不會著生在複葉的中段。
另外還有掌狀複葉、
三出複葉等。

單葉

葉脈

主脈
葉片中間
營養和水分的通道

側脈
從主脈分出來的葉脈

托葉
長在
葉片基部
的小葉片

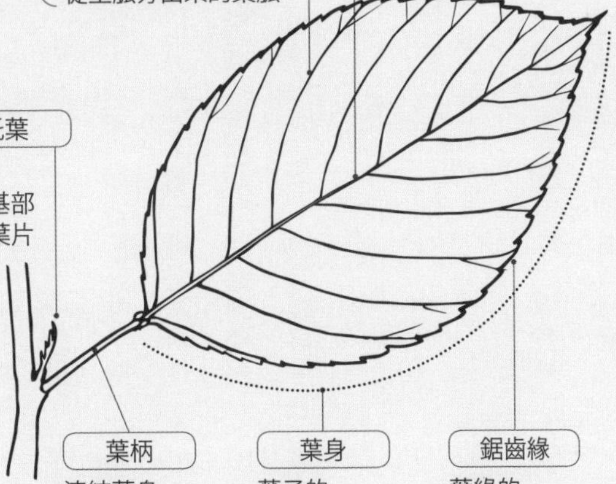

葉柄
連結葉身
與莖的部分

葉身
葉子的
擴展部分

鋸齒緣
葉緣的
鋸齒狀部分

葉子的著生方法（葉序）

互生

每一片都
相互錯開而生。
樟科、殼斗科、
芸香科、薔薇科等
多數。

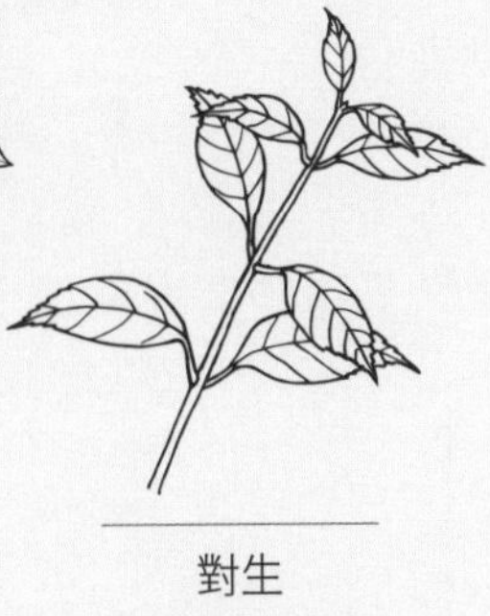

對生

每兩片
相對而生。
楓屬、唇形科、
茜草科、衛矛科、
木犀科等。

輪生

三片以上
呈輪軸狀排列。
夾竹桃、茜草科等
極少數。

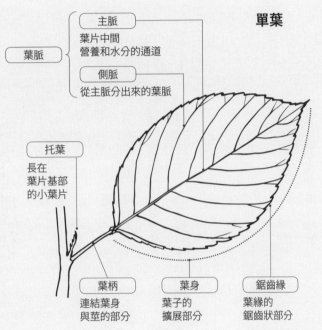

Michikusa Wonderland Guide 3

從零開始的植物調查法

遇到不認識的植物該怎麼做？

原本完全陌生的植物，一旦知道名字，就成為了熟面孔。見面幾次並了解對方的習慣和脾氣後，就成了親密的朋友。

觀察、記錄

如果發現了不認識的植物，就用相機或智慧型手機拍下來吧！畫在筆記本上也是個好主意。除了整體樣貌和花朵的姿態，也要觀察葉子的形狀和著生方式、雌蕊和雄蕊的數量、氣味等（之後調查名字的時候也很有用）。把地點、日期、感想等也記下來吧！這些也都將成為您旅途中的美好回憶唷！

如果是可以採集的地點，就拿一枝作為標本吧！

調查一下吧

儘可能拿著實物，沒有的話就一邊看著照片或素描，一邊用圖鑑或手機軟體調查名字。

雖然統稱為圖鑑，但也有收錄種類齊全的專業圖鑑、特定地區植物的圖鑑、山花或野花等根據環境分類的圖鑑、雜草圖鑑等各種各樣。

如果要調查山野的樹木，根據葉子形狀來查找的檢索圖鑑會很好用。一開始可能會有點辛苦，但是每查1個植物並得出正確答案時，應該也調查了大約10種類似的植物。以這種方式進行調查，不只是調查過的植物，還會連帶獲得類似植物的知識，熟面孔也會逐漸增加。如果能大致判斷出科別，就更容易繼續研究！

現在也有當你拍照或者輸入特徵後，可以列舉出相關植物名稱的手機軟體。雖然很方便，但是根據照片的拍攝方式，也可能會得到一些錯誤的奇妙答案。當你用軟體得到線索後，請務必要用那個名字重新搜尋或查閱圖鑑進一步確認。

做成乾燥壓葉

試著把採集到的植物做成壓葉吧！製作方法很簡單。用報紙夾住植物，然後在上面放上重物（圖鑑等）。每天勤於更換報紙，同時修復折損的葉子、調整形狀以看見葉子的背面，大約一週後就會乾燥。存放時要注意防蟲、防潮。

壓葉標本具有照片等虛擬物所沒有的優點。你可以細微保存和觀察細毛、細胞等植物具有的特徵，從這一點來看，沒有什麼比實物更好的了。如果標本的背面也能看到、觸摸、用放大鏡觀察，你將對植物有更多的了解。

林奈和西博爾德製作的壓葉至今仍保持著當時的狀態，作為物種基準的重要標本被精心保存，並用於研究。

Michikusa Wonderland Guide 4

學會辨識植物名稱與學名

在行道樹和公園等處可以看到的植物名牌。其實，光是這些資訊就很值得細細品味了。

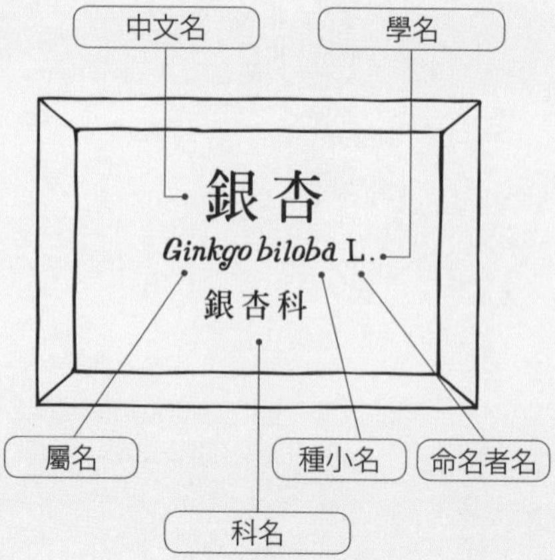

學名和中文名

公園的樹上經常看到這樣的板子。這是物種名稱的展示牌。銀杏是中文名，*Ginkgo biloba* L. 是銀杏這個物種的學名。

學名是基於國際命名規約的世界通用名稱，包括動物在內的生物都是按種別來制定學名。

學名是用屬名＋種小名的組合來表示。這和用姓＋名來表示人的名字很類似。銀杏的種小名 *biloba* 的 bi 是 2，loba 是將意思為裂片的 lobe 拉丁語化而成，表示銀杏分裂為二的葉子形狀。末尾的 L. 是銀杏的命名者，被稱為分類學鼻祖的林奈 Linnaeus 的縮寫。命名者名在學術上是必須的，但一般情況下通常都會省略。

中文名是在台灣的稱呼。和學名不同，沒有嚴格的規範。

種、屬、科

種，是生物分類上的基本單位，被定義為具有共同特徵，即使世代重疊也可彼此交配的生物類群。種往上一個層級是屬，用上面的例子來說，銀杏這個物種是包含在銀杏屬當中。比屬再高一個層級的群體稱為科。同一科的植物有共同的祖先，特徵也很相似。例如唇形科植物的葉子帶有香味，莖是方形的，花朵像是上下唇分開的形狀。因為植物圖鑑大多是按照科的順序排列，所以若能掌握科的特徵，調查名字就會容易許多。

變種、亞種、品種、交配種

相同物種但具有不同形態特徵的類群，被分為亞種、變種或品種。地理上受到隔離而不會雜交，形態上有著極大差異的是亞種（subsp.或 ssp.）；根據地區或環境的不同，而在形態和生態上有遺傳變異的是變種（var.），偶然發生的白花種等則被視為品型（f.）。

園藝植物和作物中經過人為選拔或改良的，會在種名之後附上品種名。原始的野生種稱為「原種」，藉由多種原種的交配產生自然界中沒有的新種類，稱為栽培（園藝）種或品種。如果學名的種小名前面有附加「×」符號，就代表是交配種。

植物的進化與新的分類體系

翻開新出版的圖鑑，會發現科的分類和以前有很大的改變。例如，日本紫珠從馬鞭草科到唇形科，阿拉伯婆婆納從玄參科到車前科，楓樹科則併入無患子科的一部分。

以前的分類，粗略地說是以花朵為中心來調查植物的形狀，將相似的植物歸在一類。但是近年來，隨著DNA等生物結構和進化脈絡的闡明，已轉變為同祖同源的觀念。基於DNA的「APG分類系統」就是這樣建構而成的，並隨著研究的進展不斷更新。本書也是遵循這套系統。

或許有人在學校曾學過「被子植物可分為雙子葉植物和單子葉植物」。但是在新的分類系統中，表明了早在雙子葉植物和單子葉植物被劃分之前，就已經存在著原始的被子植物，例如：睡蓮、白花八角、紅果金粟蘭、木蘭等根源可追溯到遠古時代的原始被子植物（基部被子植物），在恐龍繁盛的中生代白堊紀後便發現其化石。

在此背景下，最新的專業圖鑑將植物分為原始被子植物、單子葉植物、真雙子葉植物（原始被子植物以外的雙子葉植物）。

把失誤直接用作學名？

順帶一提，銀杏的屬名 Ginkgo 是什麼意思呢？

其實，這背後有個有趣的小故事。銀杏的壓葉標本，是在江戶時代的日本採集後傳到了歐洲。日文漢字中的「銀杏」讀作「Ichou」或「Ginnan」，但在某個地方被弄錯了，因而變成了「Ginkyo」，之後又把 y 誤解為 g，所以最終 Ginkgo 便成了正式的學名。

Michikusa Wonderland Guide 5

植物學基礎詞彙小百科

生物鹼

主要是指植物產生的植物體構成成分以外的含氮有機化合物的統稱。主要目的是為了防禦，所以大部分的情況下，一旦被食用就會產生毒性。例如：尼古丁、咖啡因、石蒜鹼、嗎啡等。

花青素

花青素是植物產生的色素，廣泛存在於葉、花、果實中，顏色隨pH、溫度、金屬離子等因素，呈現從橙黃色到紅色、紫色、藍色等各種變化。它是一種類黃酮素，可以吸收有害的紫外線，具抗氧化作用，對植物來說就好比具備抗强光效果的墨鏡，在秋天轉紅葉時也發揮了主導作用。花和果實也會合成花青素，用來吸引昆蟲和鳥類。

一年生草本植物

從種子開始培育的一年內開花結果而後枯死的植物。秋天發芽、春天開花的類型稱為越年生草本或冬型一年生草本。在園藝中，春天播種培育的稱為「春播一年生草本」，秋天播種培育的稱為「秋播一年生草本」。

外來種

指從國外帶進來的生物。相對於此，原本自然分布的物種稱為「原生種」。其中也有像北美一枝黃花一樣在野外繁殖，進而影響環境和生態系統的物種。不僅是從國外，即使是國內物種被帶入原本未分布的地區，也會變成國內外來種。日本環境省特別將嚴重影響生態系統的海外外來種指定為「特定外來生物」，禁止銷售、栽培、轉讓、移動等。

類胡蘿蔔素

植物產生的色素，廣泛存在於植物的葉、花、果實中，呈現從黃色到橙色、紅色的色調。在葉子中作為天線色素，起到吸收太陽光並將光能傳遞給葉綠素的作用。花的黃色和橙色、秋天的黃葉、胡蘿蔔的橘色都是類胡蘿蔔素的顏色。動物不能合成類胡蘿蔔素，但是可透過食用植物將其帶進體內，用作人體所需的維生素A等營養素。

氣根

伸向空中的根。具有多種形狀和功能，根據其作用可分為支撐植物的支柱根、用於呼吸的呼吸根、黏附在樹幹或牆壁上的附著根等。

距

「距」原本指的是雞距，但在植物中是指從花朵背面或基部突出的空心突出部分。內部儲存著花蜜，當昆蟲為了吸取花蜜而把嘴插入花距時，花粉就會沾附在昆蟲的身上一起被運送。在堇菜中屬於花瓣的一部分，而在耬斗菜中，花萼的一部分會變成距。

葉綠素

主要存在於植物葉子中的綠色色素。在來自太陽的七色光中，尤其能有效地吸收紅色和藍色波長的光。像這樣將光能轉化為化學能，便是植物光合作用的第一步。

常綠樹

葉子的壽命為一年以上，且全年保持綠葉繁茂的樹木。

裝飾花

像繡球花花序外圍顯眼的花一樣，花序中有特大花瓣的花。因為醒目，所以能夠引誘運送花粉的昆蟲。雌蕊和雄蕊通常都已退化不結果。繡球花科的繡球花和小葉八仙花的花萼發育得很大，變成花瓣狀，但在外觀相似的五福花科的粉團和佛頭花中，是外圍花朵的花瓣發育得很大。

多年生草本植物

能持續活好幾年的植物。有的地上部在冬季枯萎，並用地下莖或球根度過（也稱為宿根性草本植物），有的即使在冬季也能保持常綠並保留葉子（常綠多年生植物）。在大多數情況下，一生中會多次開花、繁殖，但也有像龍舌蘭一樣多年只有葉子，一旦開花留下種子後就會枯死的一次繁殖型多年生草本植物。

附生植物

像蘭科的細莖石斛和山蘇一樣，將根貼附在樹幹或岩石上生長的植物（＝著生植物）。單純利用樹木作為在高處沐浴陽光的生活場所，不會剝奪其水分和養分。

藤本植物

利用其他植物將莖伸長攀爬的植物。有像紫藤和牽牛花一樣以莖纏繞攀爬的類型，像葡萄和苦瓜一樣以捲鬚纏繞攀爬的類型，像常春藤和細梗絡石一樣用氣根粘附攀爬的類型，還有像薔薇和菝葜一樣用倒刺掛勾攀爬的類型。因為莖不需要自力更生，所以通常生長得很快。由於經常是在其他植物生長後才開始伸展，所以春季的發芽通常也比較晚。

頭狀花序

像蒲公英和向日葵一樣，有許多小花密集地聚在一起，使整體看起來像一朵花（其實是花序），包括菊科、忍冬科的松蟲草等。

二年生草本植物

從種子開始培育的第一季不開花，第二年莖伸長，開花結果而後枯死的植物。生長在明亮開闊的地方，幼苗大多在地面上呈放射狀展開葉片的蓮座狀葉叢，例如松蟲草、月見草等。

類黃酮

植物製造的色素群能吸收有害的紫外線，從而保護植物免受紫外線的傷害。這些色素根據其吸收光波長範圍的不同，呈現出肉眼可見的各種顏色。即使含有類黃酮色素，在看不見紫外線的人眼裡，也可能會看成白色的花。花青素也是類黃酮的一種。從化學結構來看可說是多酚的一種。

甜菜素

植物製造的色素，呈鮮豔的紫紅色。在石竹目的部分仙人掌科、莧科、馬齒莧科、商陸科中，並非製造花青素，取而代之的是製造甜菜素來發揮吸收紫外線的作用。與花青素和類黃酮不同，分子結構的一部分含有氮原子。

落葉樹

一年中有落葉時期的樹木。溫帶地區，有許多落葉樹在冬天氣溫下降時落葉，然後在春天重新拓展葉片。落葉樹的葉子壽命很短，只有幾個月，而且通常比常綠樹的葉子薄，缺乏耐久性。落葉樹大多是闊葉樹，但針葉樹中也有落葉性的種類，像是落葉松和水杉。

Michikusa Wonderland Guide 6

走，出發吧！享受觀察路邊植物的樂趣

植物就在我們附近。

公園裡的花和行道樹，還有路邊的雜草，即使自認略知一二，但是仔細觀察，還是會有意外的發現。

驅動五感去「看」，你將發現植物的智慧和奧妙。如果也關注與昆蟲、鳥類、菌類等的關係，世界就會更加廣闊。

如果沿著平常的路走很多次，你會注意到季節的變化和植物的生長。

請盡情享受觀察路邊植物的樂趣吧！

用放大鏡觀察

從微觀角度看的花朵和葉子，是閃閃發光的驚奇寶盒。雜草的花也變成了珠寶，毛的美麗也令人驚訝。也可使用數位相機和智慧型手機進行微距拍攝！

拿在手裡看看

拿起一株植物，撫摸、翻到背面、透光，從各種不同的角度去觀察。也將其撕開來確認味道吧！或許還能解讀植物的訊息？

蹲下來看看

置身於小朋友的視角，你將會看到一個小小世界。葉子和花朵碩大地出現在眼前，連小蟲子看起來也是這樣的！

測量、數數看

很多、很大、……即使這麼說，但究竟是多少、多大？花的大小和種子的數量等，實際測量、計數後記錄下來吧！不僅能夠與人交流，還可與科學連結。

試著畫下來

拿在手上仔細觀察後，試著畫下來吧！有些發現僅靠觀察是不會注意到的。這也會成為重要的記錄。把畫做成明信片或卡片也很棒！

一起玩吧！

春天摘艾蒿和蘆筍，秋天撿椎樹的果實和栗子。試著在田野裡編織花冠，用藤蔓製作花環吧！享受四季的絢麗，感謝大自然的恩惠。

攜帶的物品

相機

有微距（特寫）功能很方便。

保存容器

方便帶回水果、
種子等的物品。
食品用的密封容器
很好用。
也可使用
小量分裝
的夾鍊袋。

望遠鏡

方便觀察
遠處的
花草和野鳥。

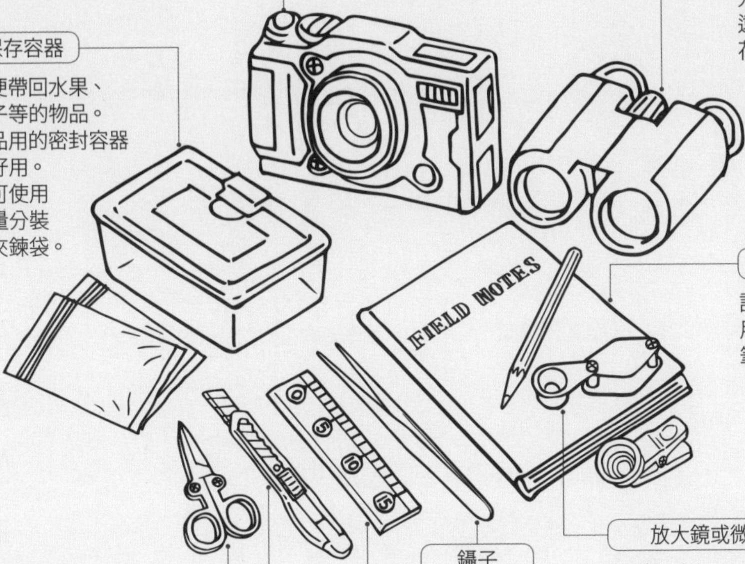

筆記本

記錄用。
用於
筆記和素描。

剪刀、美工刀

採集用，或是用來查看斷面。

量尺

和植物一起拍可得知植物大小。

鑷子

方便觀察細節。

放大鏡或微距鏡頭

10 倍以上。
連接到智慧型手機
或平板電腦的夾式微距鏡頭
也非常適合拍照。

服裝

注意事項

- 不要擅自進入私人土地和耕地。
- 注意山野的動植物。小心不要隨意踐踏。
- 摘草和採集要適度並遵守規則。
- 把垃圾帶走。不可用火。
- 事先了解危險的動植物以確保安全。（要注意一碰就會誘發皮膚發炎的漆樹類、蕁麻類、胡蜂等毒蟲）

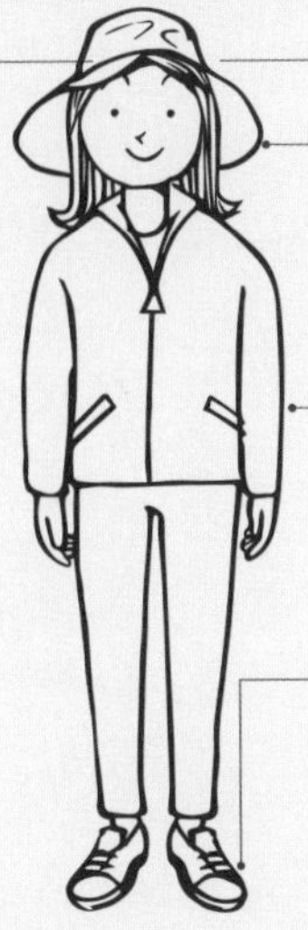

帽子

以大帽檐的帽子為佳，
可防止中暑或曬傷。

長袖、長褲

可以防止昆蟲和蟎蟲
的侵害，也可防止受傷。
保護好肌膚再出門吧！

運動鞋

穿著舒適的鞋子
以防止疲勞和受傷。
長筒橡膠靴也很好用。

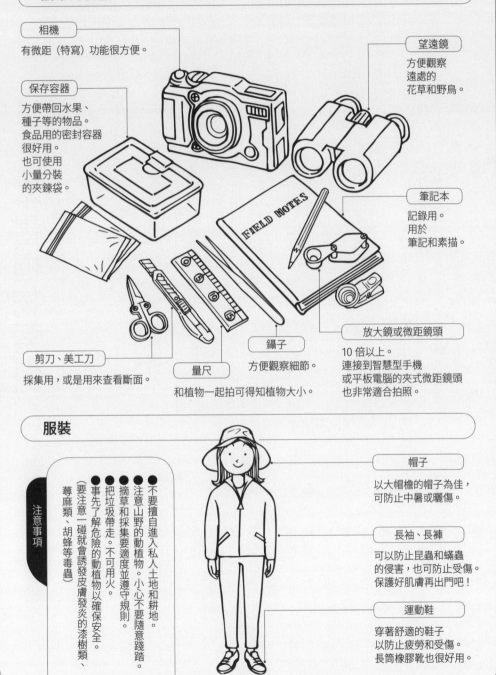

Michikusa Wonderland Guide 7

本書植物索引

按注音符號排列

Michikusa
Wonderland
Guide

第三章

秋天的路邊植物

Autumn

薏苡

生長在鄉下的水邊和田野的多年生草本植物。果實採集下來後，可用線串成佛珠或項鍊。

輕飄蓬鬆、翻來滾去，乘風啟程的各種種子。如果把它撿起來仔細觀察，會驚訝於它們巧妙的功能和美麗的造型。

薊（菊科）的絨毛種子。薊的代表種，春天到秋天開花，頭狀花序直徑4～5公分，由許多的筒狀花聚集成絨球狀。

飛翔的種子

風中遠行的夢想

飄揚在空中的蓬鬆降落傘

薊的紫色花朵，在晚秋也會變成飽滿的白色蓬鬆絨毛。拿起一粒種子仔細觀察，會發現每根毛都像鳥的羽毛一樣有許多分支。雖然同樣是菊科，但是和蒲公英的絨毛設計略有不同。

不知從哪聽說「Keseran Pasaran」是可以帶來幸福的神秘生物。據說它看起來像是一個蓬鬆的毛球。說不定它的真面目是薊或蘿藦的種子。張開絨毛的蘿藦種子直徑達6公分，在十月小陽春的藍天上乘著上升氣流輕輕地漂浮著。

旋轉的螺旋槳葉片高速飛翔的滑翔翼

也有像直升機和滑翔機一樣飛行的種子。楓樹類的種子末端附有像螺旋槳葉片的「翼」，離開樹枝後就會一邊高速旋轉一邊慢慢地落下。在延長滯空時間的同時乘風移動到遠方。機翼表面的條紋可調整氣流、增加升力。

乘風飛行的螺旋槳葉片可以攜帶較大的種子，因此經常在陰暗場所的林木上發現它們的蹤跡。翅膀的形狀各不相同，梧桐的果實像划

用絨毛飛行的種子

西洋蒲公英

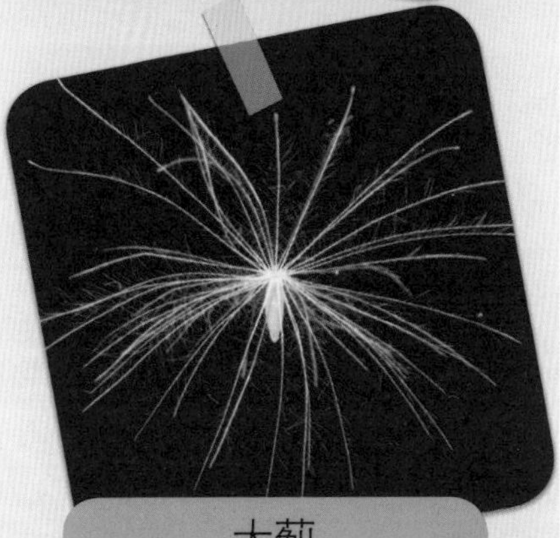

大薊

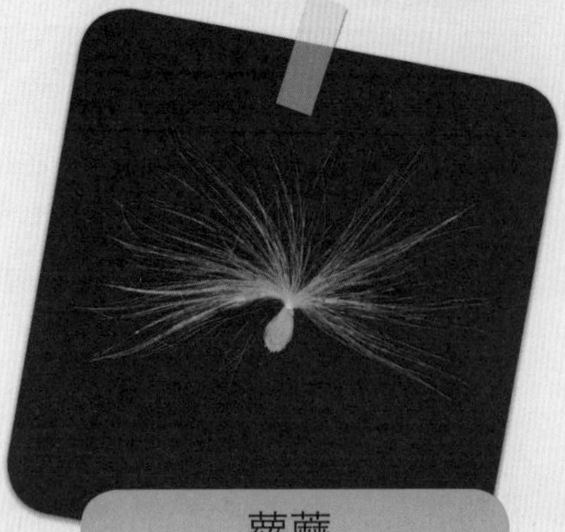

蘿藦

你知道嗎？

釋迦牟尼佛曾在「菩提樹」下方悟道，它是桑科的熱帶樹。
在氣溫低的中國和日本，人們種植了葉子形狀與菩提樹相似的南京椴作為替代品。

帶著翅膀飛翔的種子

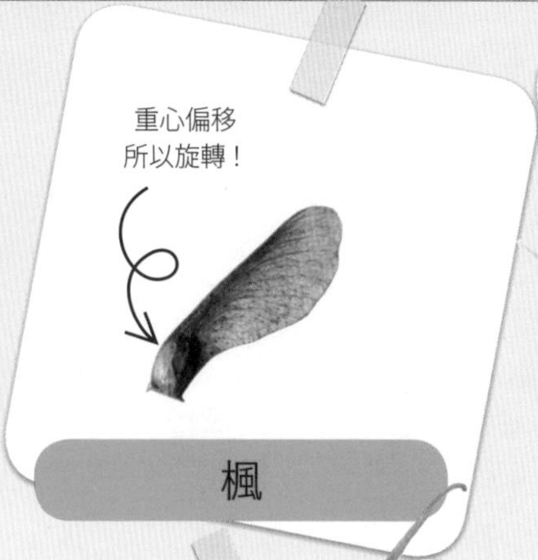
重心偏移
所以旋轉！
楓

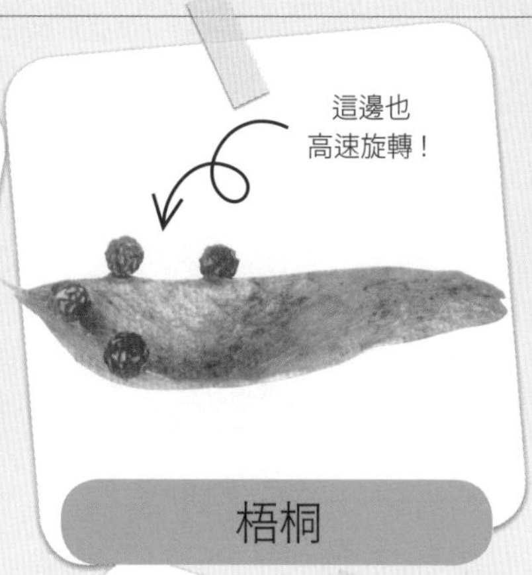
這邊也
高速旋轉！
梧桐

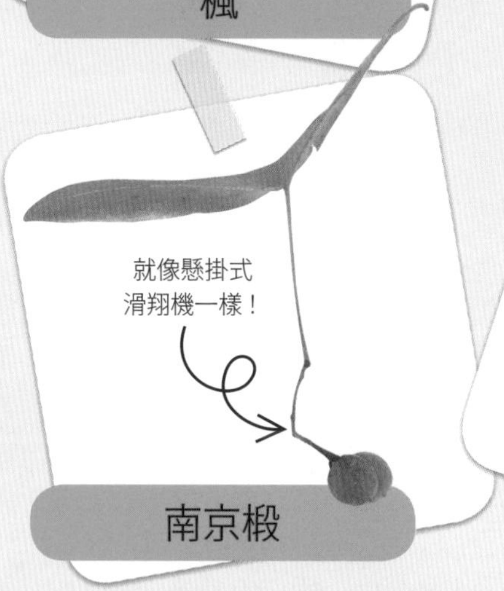
就像懸掛式
滑翔機一樣！
南京椴

看起來像是
羽毛毽子！
衝羽根空木

枯葉
變成翅膀！
種子
在這裡！
櫸樹

應該在哪個部分製作什麼樣的翅膀才能讓種子飛得更遠呢？植物在翅膀的設計上花了很多心思。

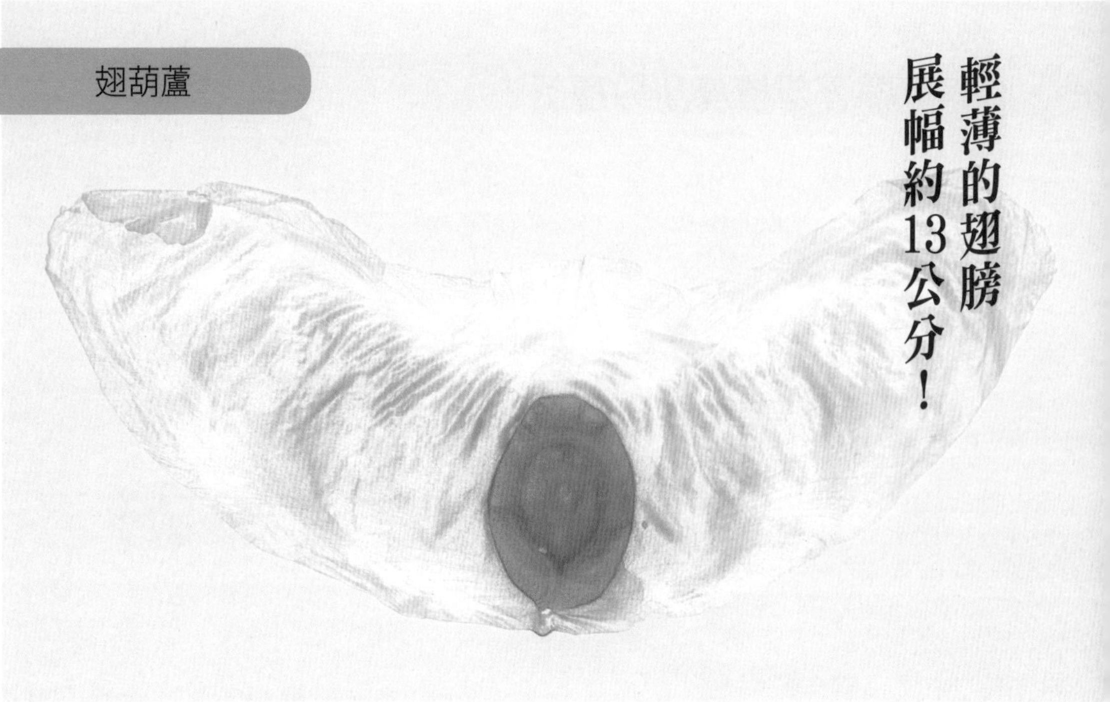

翅葫蘆

輕薄的翅膀展幅約13公分！

艇、南京椴的果實像懸掛式滑翔、衝羽根空木的果實像正月羽毛毽子的形狀。稍微有點奇怪的是欅樹，它用枯萎的葉子代替翅膀，從果實附著的樹枝上凌空飛翔。

生長在熱帶森林中的翅葫蘆的種子有薄薄的翅膀，像滑翔機一樣滑翔。即使無風也能長距離飛行，適合無風的熱帶森林。反之，在經常颳風的溫帶森林裡，可以看到很多利用風的螺旋槳類型。

撒胡椒鹽的方式

即使沒有絨毛和翅膀，如果種子很小，也很容易隨風輕輕散落。這類植物，果實的開口會朝上打開，在強風中搖晃，像撒胡椒鹽一樣散落細小的種子。如果種子很小，芽也會很小，這在黑暗的地方是不利的，所以這類植物大多是生長在明亮的草原和懸崖地區。日文名為「卯之花」的齒葉溲疏就是一例，種子落在懸崖地和岩石的縫隙中，沐浴著明亮的光發芽。

在附近的公園或鄉下的田野等鄰近地方，也能找到各種會飛翔的種子。請一定要拿在手上觀察，然後放飛種子、開心地玩耍吧！

你知道嗎？

翅葫蘆是熱帶的葫蘆科藤本植物，攀爬在高大的樹木上。
種子的構造也被應用於滑翔機機翼的設計上。

散落飛揚的種子

長莢罌粟

齒葉溲疏

桔梗

耬斗菜

馬醉木

果實成熟時會變乾並張開嘴，隨風搖曳灑落細小的種子。這種類型的果實，常見於草原的草叢和明亮懸崖的灌木等處。

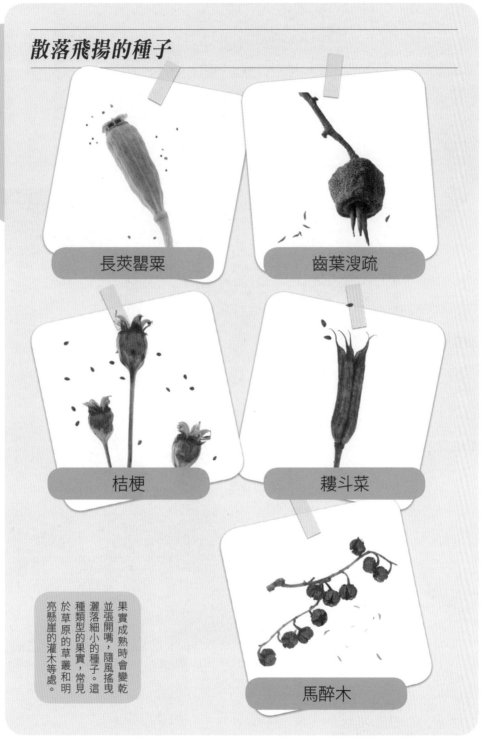

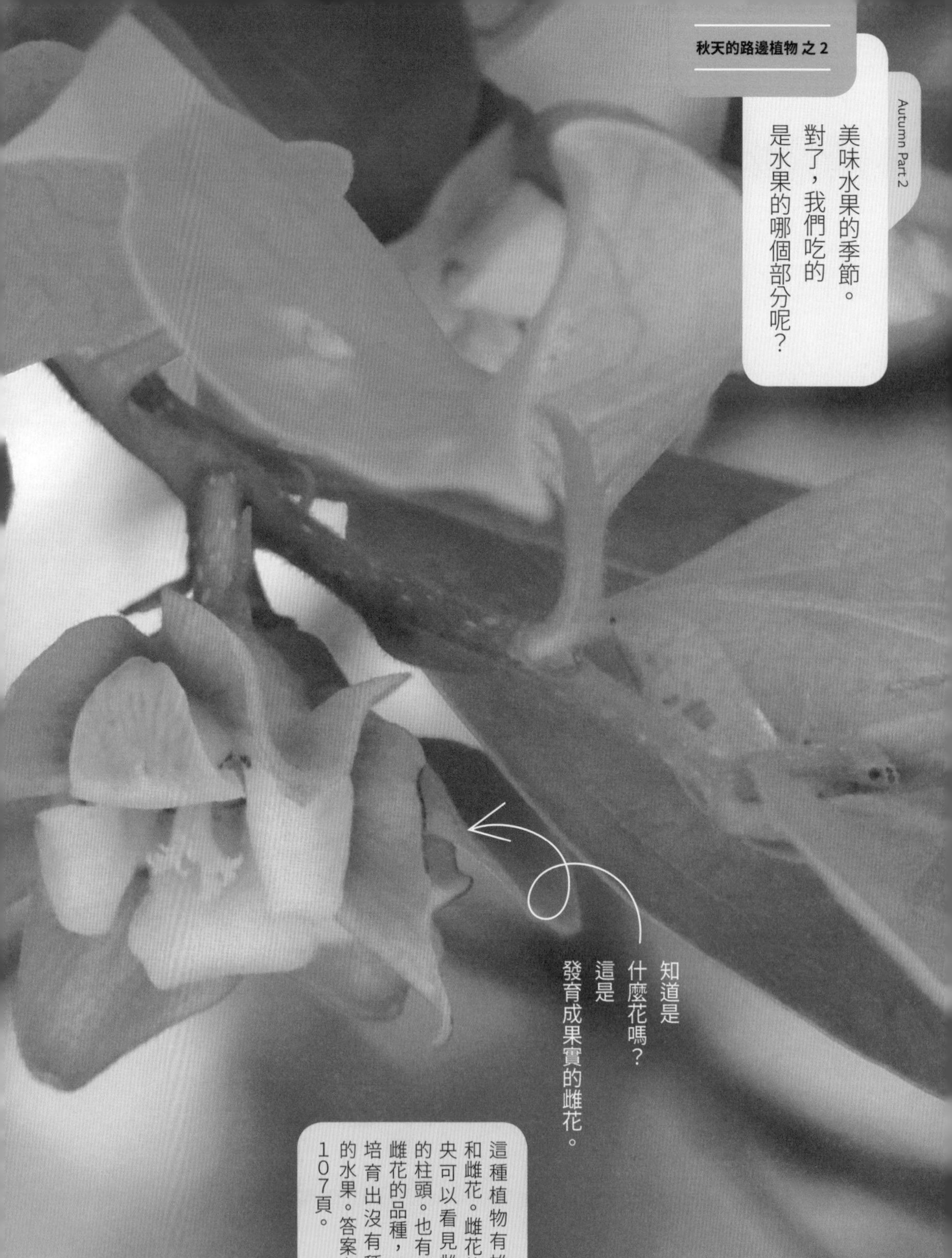

Autumn Part 2
美味水果的季節。
對了，我們吃的
是水果的哪個部分呢？
知道是
什麼花嗎？
這是
發育成果實的雌花。
這種植物有雄花
和雌花。雌花的中
央可以看見雌蕊
的柱頭。也有只有
雌花的品種，可以
培育出沒有種子
的水果。答案在第
107頁。

水果裡的大智慧

這是雄花。

從花到果實，形形色色的變身

首先來複習一下花的構造。花的基本構成是花萼、花瓣、雄蕊、雌蕊。雌蕊的「子房」的一部分會發育成果實，種子寶寶（胚珠）在子房壁（果皮）的保護下生長（參照P82）。

雖然基本構成是共通的，但是最終的果實形狀及構造，會根據散播方法的不同而有很大的差異。在楓樹中，果皮的一部分變成了翅膀，一邊旋轉一邊在空中飛翔。椰子的種子藉由厚厚的木栓質果皮乘著海流漂浮旅行。小山螞蝗的果實在果皮上有鉤針，可以附著在人和動物身上。

有些果實的果皮會變成柔軟的果肉包住種子，供鳥類和哺乳類食用並運送種子。在這類果實中，人類吃了也感到美味的果實通常被稱為水果。

種子堅硬結實，可以經由消化道排放出去。水果利用其味道及香氣，誘使包括人類在內的動物吃下水果並傳播種子。

子房膨大成果肉，正統派？的果實

子房會發育成外果皮、中果皮、內果皮這3層。大多數的情況下，外果皮會變成果皮，中果皮會發育成果肉。

我們來試著切開柿子吧！「蒂頭」是花的花萼部分。皮是外果皮，可食的部位是中果皮。仔細觀察，種子周圍有膠狀物質，這就是內果皮，它起到潤滑劑的作用，可以避開動物的牙齒，直接滑入動物的喉嚨深處。

桃子的可食部位也是中果皮。內果皮變成木栓質的硬殼，厚實地包覆著種子。這種堅硬的內果皮和種子融為一體的部分稱為「果核」或「核仁」，保護重要的種子免受動物牙齒的侵害。梅子和櫻桃也是相同的結構。

橘子呢？皮是外果皮，白色絨層部分是中果皮，瓤囊是內果皮。我們吃的果肉是長在內果皮上的多汁腺毛。

奇異果的外果皮也會長成果肉。

子房以外變成果肉的「假果」果實

蘋果果實的食用部分，既不是內果皮也不是中果皮，而是支撐花瓣、雄蕊、雌蕊的花朵基部（花托）。蘋果的「芯」在子房附近，可以看到一條淡淡的線。如果觀察蘋果凹陷的「屁股」，你會看到五枚花萼裂片。

像蘋果這樣除了子房以外的部分都變成果肉的水果稱為「假果」。草莓也是假果，食用部分是花托，表面的顆粒才是果實。

切水果或吃水果的時候，不妨多花點時間觀察一下。

你知道嗎？

無花果也是假果的一種，包覆小花的「囊狀花托」發育成多肉質。
因為花隱藏在裡面看不到，古人以為沒有花所以稱為「無花果」。

從花朵到果實，各自的變身

柿子

果　花

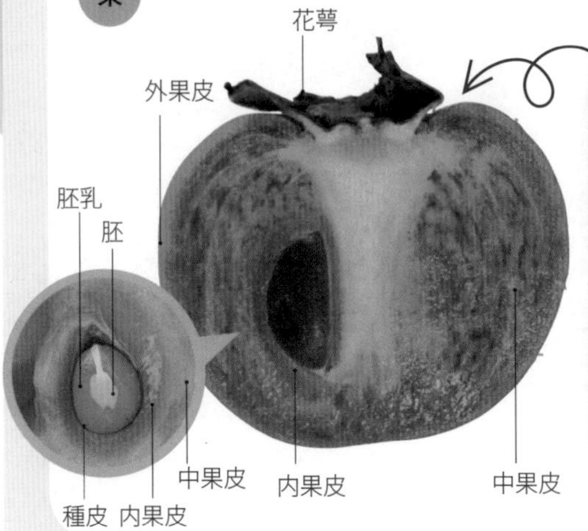

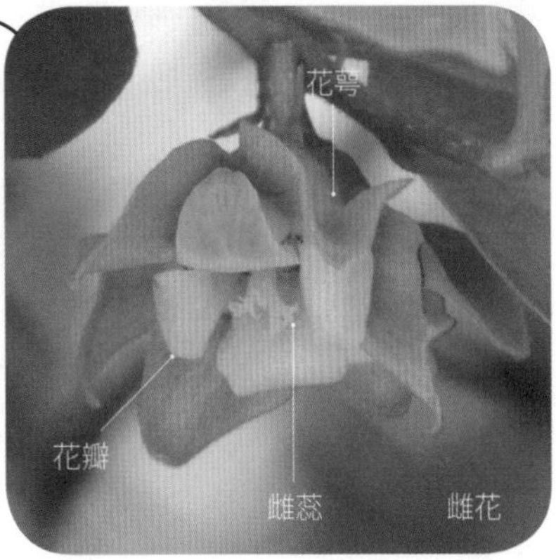

櫻花

果　花

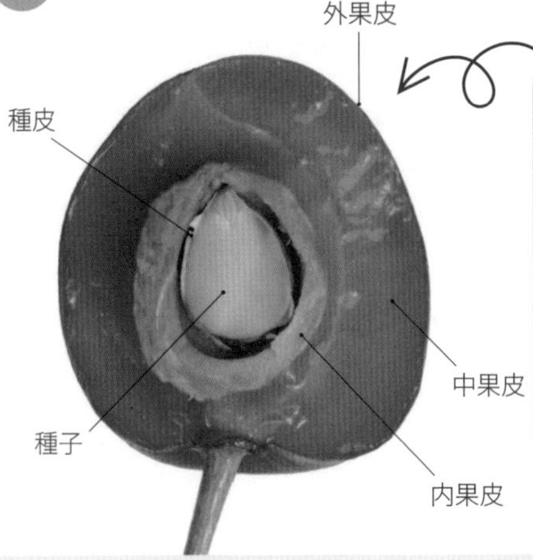

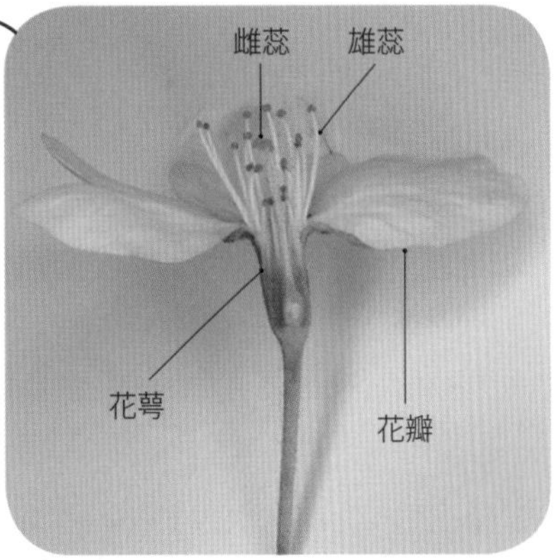

從花朵到果實，各自的變身

蘋果

果 —— 花

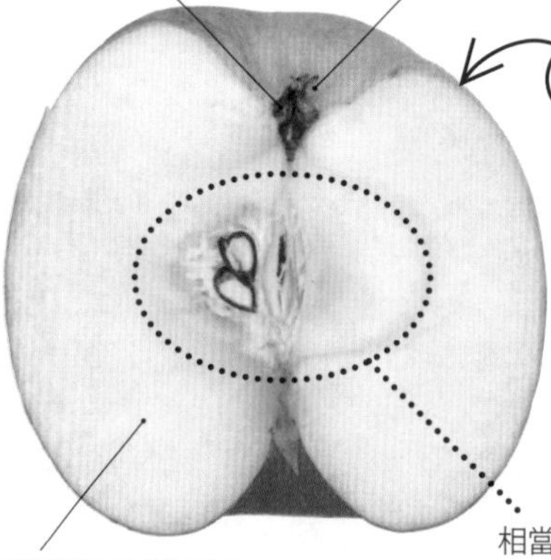

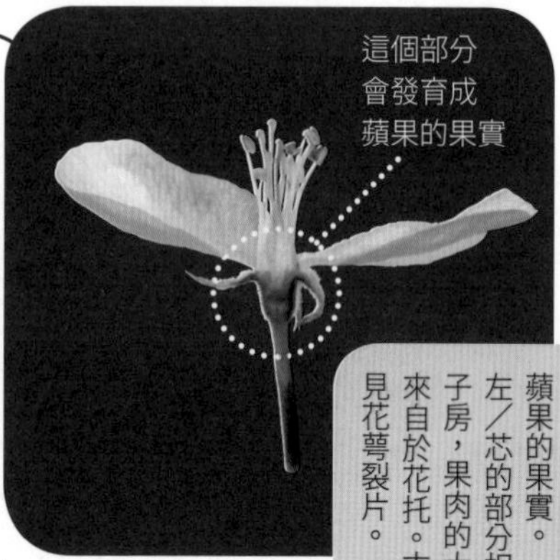

右／花的斷面。花萼基部膨大包覆著子房。這個部分會長成蘋果的果實。
左／芯的部分相當於子房，果肉的大部分來自於花托。末端可見花萼裂片。

草莓

果 —— 花

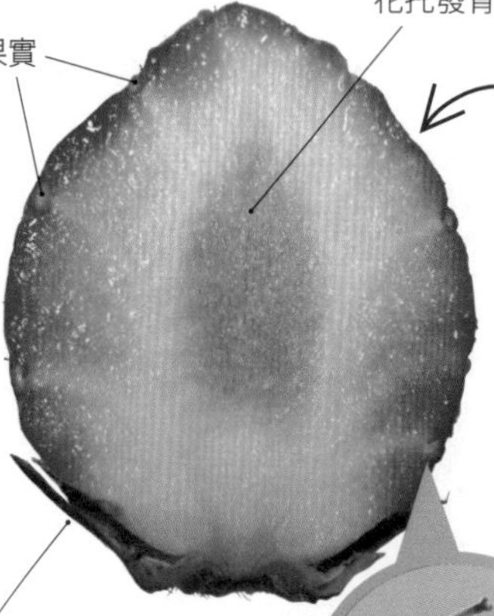

果實（瘦果）

右／注意花的中心部分。在呈圓頂狀隆起的多數雌蕊中，可以看出草莓的原形。
左／果肉是花托發育而成的。顆粒狀的「種子」才是草莓的果實。

你知道嗎？

所謂的瘦果，是指種子包覆在非常薄的果皮中的果實。
除了草莓的顆粒種子之外，向日葵和蒲公英的種子也是瘦果。

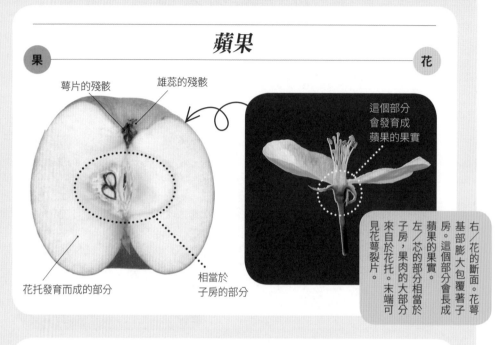

奇異果

果

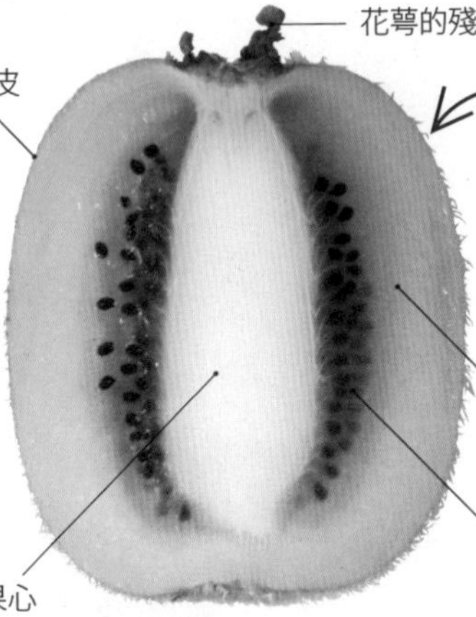

花

右／有雌株和雄株，雌株會結果。雌花有一個膨大的子房，會發育成果實。
左／外果皮長成果肉的例外狀況。含有種子的層是內果皮。毛茸茸的皮來自表皮。

香橙

果

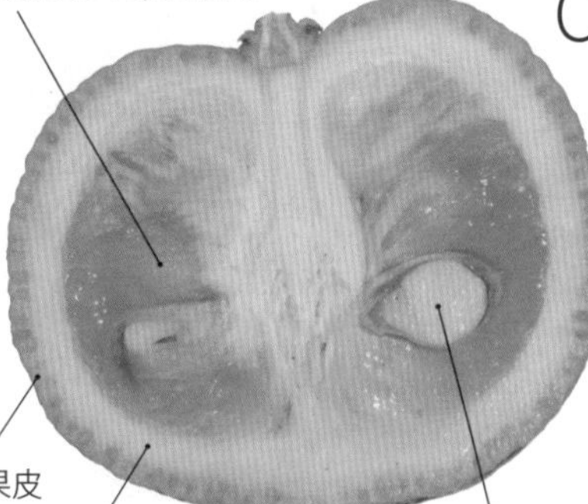

花

香橙的花（右）和果實的斷面（左）。花朵深處的圓形子房部分會發育成果實。子房分為多個房間，這些會成為果實的房間。食用部位是內果皮上儲存汁液而膨脹的毛狀部分。白色的棉狀部分相當於中果皮。

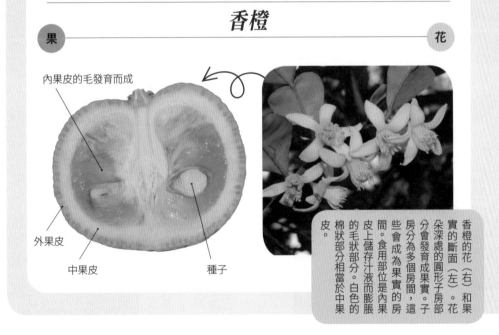

當你在秋天的田野上來回走動，衣服上會沾滿草的果實。哇！我被「粘附蟲」暗算了！

蒼耳（羊帶來）

原產於中國的菊科一年生草本植物。鄉下的路邊和空地上的雜草，種子尖銳的刺會粘在人和動物身上。

粘滿雙手的果實

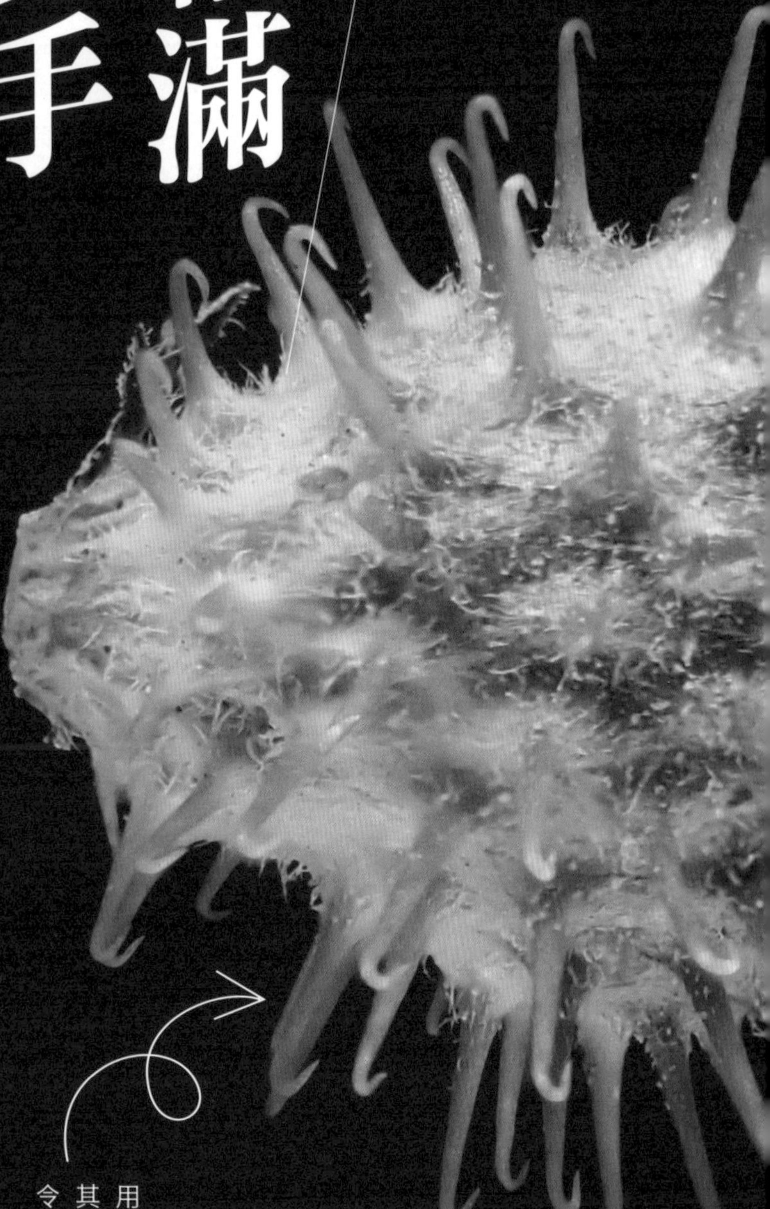

實際的尺寸

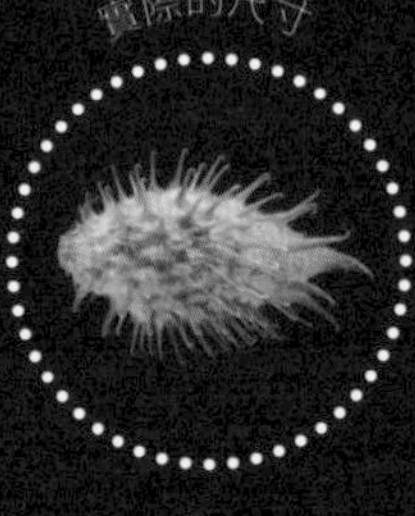

用放大鏡一看，其精巧的構造令人吃驚。

牛蒡也是粘附蟲

果實期的牛蒡和鉤子的放大圖。牛蒡是菊科，與薊相似的頭狀花序總苞片呈鉤狀。鉤子柔軟不易折斷，與纖維牢牢地纏在一起。

利用人和動物的搭便車之旅

「粘附蟲」是對某些草的暱稱，這些草依靠粘附在人或動物身上來達到運送目的。它們準備了鉤子、倒刺、粘液等忍者工具，躲在原野或路邊的草叢裡伺機而動。

當人或動物經過時，粘附蟲就會牢牢粘在上面。即使是稍微不成熟的綠色果實，在運送過後也會好好地成熟。

果實終究會被抖落，而那些地方往往是人與動物經常經過的路徑。種子就這樣在明亮的路邊和原野上發芽生長。

你知道嗎？
蒼耳和牛蒡是菊科植物。刺是總苞（請參照 P36）變化而成的。
整個看起來像果實的是呈壺狀的總苞，裡面包著多個果實（瘦果）。

用鉤狀的刺或毛沾粘

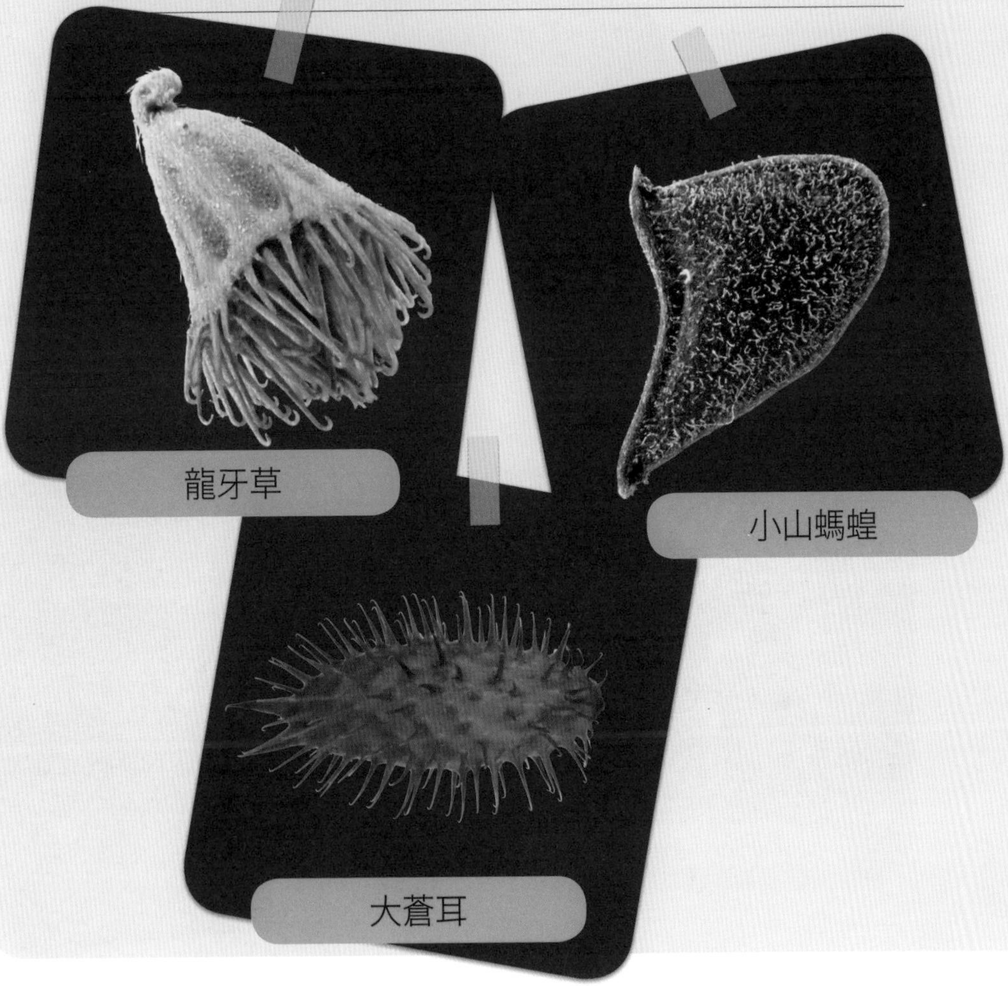

鉤子的技能，也應用在魔鬼氈上

那些果實容易纏附在身上的草，雖然令人感到麻煩，但若仔細觀察其細部結構，將會發現其中巧妙的設計讓人感到驚訝。

全身布滿刺、尖頭呈鉤狀的是蒼耳類。經常出現在空地和河床上，果實很大的是外來種大蒼耳，拿來扔的話會粘在對方身上，所以孩子經常拿來互扔玩耍。

龍牙草和金線草的果實也有精巧的鉤子。

當你用放大鏡觀察小山螞蝗的果實表面，它看起來簡直就像玄關踏墊。果實表面

倒刺型

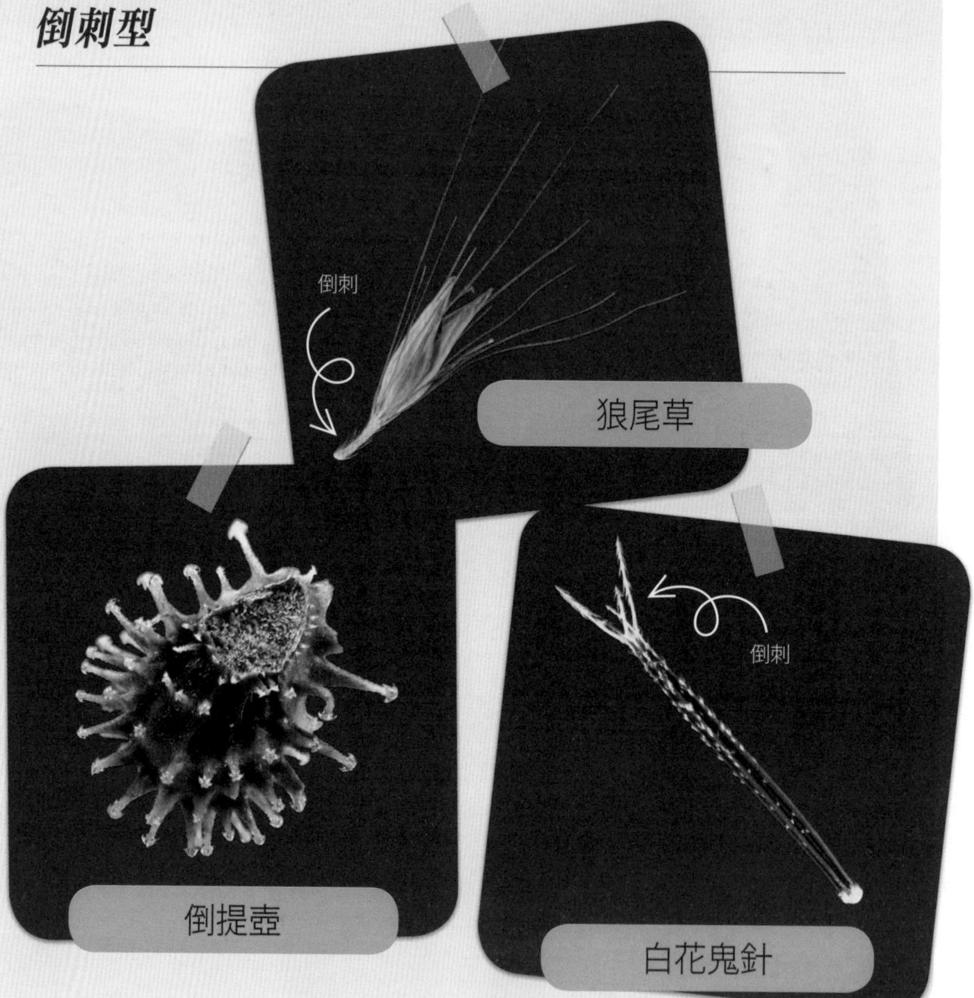

布滿細密的鉤毛，緊緊地粘在衣服上。不覺得跟衣服上使用的魔鬼氈有點像嗎？

沒錯！魔鬼氈的發明靈感來自於植物，那個植物正是……牛蒡。牛蒡在果實時期很像刺河豚，利用刺前端的鉤子粘在動物上使其運送，並散布裡面的種子。牛蒡是一種蔬菜，但是在故鄉的大陸被視為雜草，在歐洲和北海道的部分地區，是在路邊以粘附蟲的形式生活。

倒刺的黏性作戰

粘附蟲的作戰，充滿了奇思妙想和策略。

白花鬼針的果實和捕魚的

你知道嗎？ 原生種的蒼耳（P112-113）逐漸被新的外來種大蒼耳和義大利蒼耳所取代，現在已經成為瀕危物種。

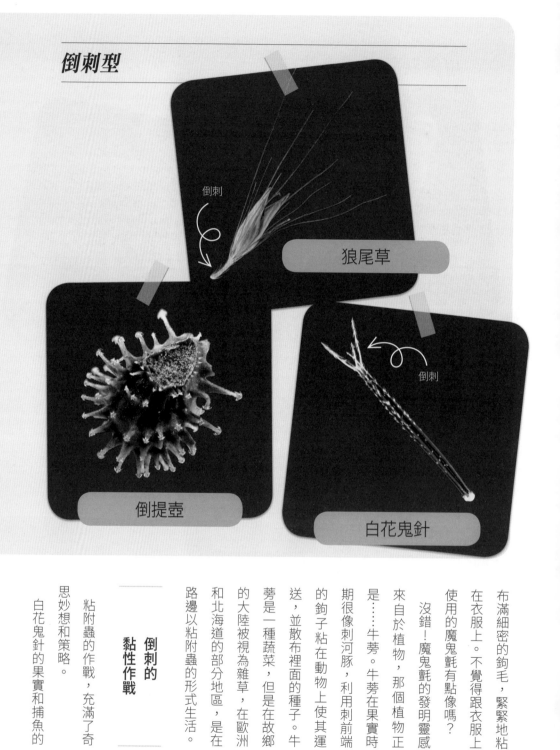

多種附著方式

黏著型

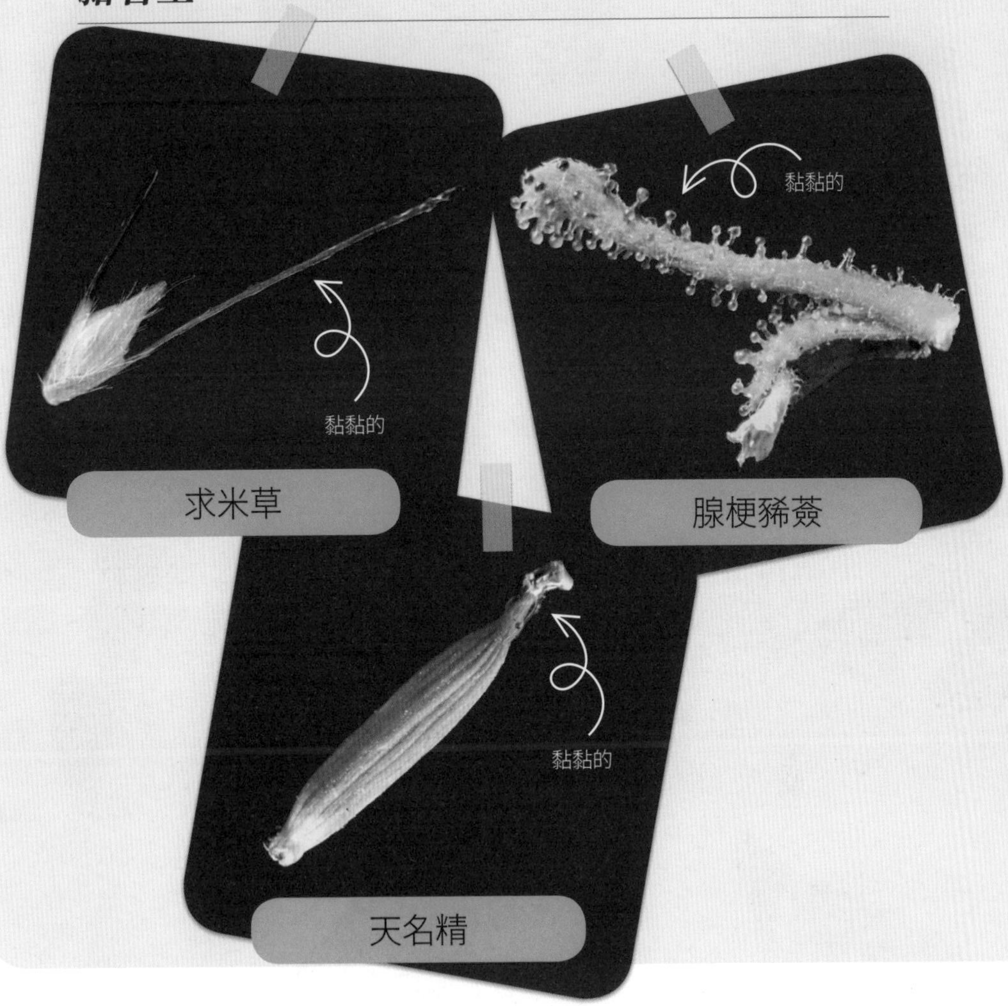

矛很像。刺上有倒刺，一旦被刺就很難拔除。狼尾草的果實軸上也有倒刺，會深入纖維的縫隙。鬼瑠璃草的刺也很古怪，形狀酷似船錨。

也有用黏糊糊的黏液沾粘的類型。腺梗豨薟的果實外側被稱為總苞的部分看似鬼的狼牙棒，突出的圓頭分泌著黏液。當人或動物接觸到總苞的黏性物質時，會連同果實一起脫落粘走。

粘附蟲展現出來的各式巧妙設計，令人由衷佩服啊！

秋天我去了里山賞花。見到的是美麗的龍膽花。讓我們一起來探索隱藏在藍紫色花朵中的生命智慧。

在秋天的田野中閃耀著藍色光芒的龍膽花。源氏的家紋是將這種花和葉子圖案化的「笹龍膽」。莖到了秋天會伏倒，花朵大多在貼近地面的位置綻放。

秋野驚豔

美麗的龍膽花

鑽進龍膽花的熊蜂

名字來自於它的苦味

龍膽是生長在日本本州到九州明亮山野的龍膽科多年生草本植物。因為葉子的形狀近似笹，所以也被稱為笹龍膽。

根中含有苦澀的藥用成分，自古以來就被視為藥草。「龍膽」這個名字，正是來自於它是比著名的苦藥「熊膽」還要苦的良藥。

花期為9～11月，花長約4公分，呈向上的吊鐘形，先端逐漸變尖並開裂成5片。仔細觀察的話，會發現花瓣的縫隙裡有小小的花瓣。此「裂片狀附屬物」的存在是龍膽及其同類的共同特徵，從俯視角度看的花，與勳章的形狀很像。

花蜜位於花的底部，需要在花朵內壁垂直下降和攀爬才能吸取。能夠輕鬆展現這般高超技藝的，是那全身覆蓋著蓬鬆毛髮的熊蜂。花朵的吊鐘形狀和藍紫色花色，都是為了配合這位勤奮常客的特殊技能和喜好而進化的結果。

最喜歡太陽公公的花

龍膽花對光很敏感。花朵接受到陽光就會打開，天氣變陰就會閉合，晚上也是閉合的。如果天氣不好，白天也會保持閉合狀態不開放。一朵花就像這樣在開合的狀

你知道嗎？

日本當藥是聞名已久對腸胃有效的藥草。
整體帶有苦味，即使搖晃一千次還是很苦，所以又名「千振」。

對光有反應的龍膽

龍膽花對光的反應很敏感。照片是同一株在早上9點（右）和11點（左）的樣子。在陽光明媚的時段，花開得很大，招攬昆蟲客人造訪。

態下維持約一週的花期。為了保護重要的雌蕊和花粉不受夜晚的寒冷和雨水的侵襲，只挑選昆蟲熟客飛翔的好天氣來開放。

這種花還有一個喜歡陽光的理由。眼睛靠近花仔細一看，會看到綠色的小斑點像雀斑一樣散布著。

其實龍膽花有一種罕見的特性，就是花瓣會進行光合作用。這些綠色斑點，正是行光合作用的地方。這項事實是最近才被發現的，詳細的結構和意義的闡明尚待進一步的研究。

龍膽的同類們

龍膽屬在日本有13種。蝦夷龍膽分布於本州北部和北海道，其特徵是直立莖的上部開了多層深藍紫色花朵。

在園藝中被稱為龍膽的切花，是龍膽的栽培品種或是龍膽和蝦夷龍膽的交配種。這些花一樣只有在光線照射下才會開，所以建議將它們放置在明亮的地方。

同屬的植物中，也有如筆龍膽般，在春天綻放小巧可愛花朵的高山植物。

雖然是不同屬，但以藥草聞名的日本當藥也是龍膽科，在秋天的里山偶爾能看到它的花。

秋天不去山野裡走走嗎？如果能看到龍膽花那就太好了。

捲起來的花蕾也是一大特徵
龍膽的同類們

洋桔梗

栽培用於切花的龍膽科多年生草本植物。是由北美中部草原上盛開的花園藝化而成的。

蝦夷龍膽

在日本本州中部以北和北海道的山上盛開。花是深藍紫色，在直立的莖上成層生長。經過栽培化的是園藝種龍膽。

筆龍膽

生長在山野的二年生草本植物，葉子很小。花在春天盛開，直徑約2公分，形狀讓人聯想到筆尖。

日本當藥

生長在明亮山野的二年生草本植物，葉子很細。到了秋天，直徑約1.5公分的白色帶紫色條紋花朵，會簇生於莖的頂部，是有名的藥草。

你知道嗎？

作為切花很受歡迎的洋桔梗（土耳其桔梗）不是桔梗科而是龍膽科。
而且，它原產於北美，而不是土耳其。

第四章

冬天的路邊植物

Winter

鐵冬青

冬青科的常綠樹。雌雄異株，雌株上聚集著紅色的果實。

植物展現出豐富的色彩，我們就來探討植物的色素和花朵的顏色。

秋天，當替葉子製造綠色的葉綠素被分解時，就會出現類胡蘿蔔素的黃色。此外，當花青素合成時，就會變成美麗的紅葉。

植物色素與花色之謎

類胡蘿蔔素

油菜花

這種花的黃色也是類胡蘿蔔素。類胡蘿蔔素的一種β-胡蘿蔔素在動物體內被轉換成維生素A。

向日葵

花瓣的黃色是類胡蘿蔔素的顏色。如果同時含有顯示紅紫色的花青素，會變成帶有橙色的花或酒紅色的花。

孔雀草

花的黃色和橙色是由類胡蘿蔔素產生的，顏色深淺的差異取決於色素的含量。作為天然色素用於食品的上色。

太陽光與植物的色素

植物依靠陽光來維持生命，由葉綠素負責吸收光能來進行光合作用。綠色的色素也被稱為葉綠素。

葉子中也有顯示黃色的色素類胡蘿蔔素，藉由攝取光的能量來幫助光合作用。在秋天落葉前出現此色素顏色的是黃葉。

為了防止陽光中含有的有害紫外線，植物也配戴著太陽眼鏡。許多葉子含有類黃酮類的色素，導致紅葉的花青素也是其中的一部分。類黃酮還具有抗氧化特性，可以快速去除光合作用的副產

你知道嗎？

綠玉藤是菲律賓的特有種，可以長成巨大的藤蔓。
在原產地，蝙蝠會造訪花朵並運送花粉。

花青素

牽牛花的一種（桔梗朝顏）

花的紫色和紅紫色的色素是花青素。白天枯萎後，隨著細胞老化而改變的 pH 值，使其變成紅色。

鴨跖草

花的藍色是由於花青素與鎂結合而產生的。大花瓣的品種被用於友禪染的底圖。

綠玉藤

原產於菲律賓的豆科藤本植物。紅紫色的花青素和人類視覺上為無色的類黃酮共存而產生的特異花色。

品產生的有害過氧化物。

除此之外，一種稱為甜菜素的紅色色素，也發揮了濾光器和去除過氧化物的作用。

是什麼創造了花朵的顏色

植物利用這些參與光合作用的色素，使花朵和果實呈現出與綠葉不同的鮮豔顏色，吸引昆蟲、鳥類和動物的注意，誘使它們運送花粉和種子。

類胡蘿蔔素構成了向日葵和孔雀草等黃色和橙色的花色。柿子和柑橘類的果實顏色也是因為類胡蘿蔔素，被動物用作營養素。

黃酮類化合物

白三葉草

雖然在人眼看來是白色的花，但是用紫外線濾鏡拍攝時會是黑色的。這是因為整朵花都吸收了紫外線。

黃花月見草

晚上開花、早上凋謝的一夜花。淡黃色的花也含有類黃酮，昆蟲看到的顏色和人眼看到的並不相同。

柚香菊

山野中盛開的白色野菊。花瓣能吸收紫外線，即使在人類看來是白色的，但對昆蟲來說卻是有顏色的。

甜菜素

雞冠花

莧科的園藝植物，花序的形狀很有趣。菠菜也是莧科，葉子基部和這種花的顏色一樣是鮮豔的紫紅色。

紫茉莉

紫茉莉科的園藝植物。花在晚上盛開，第二天早上枯萎。這種花的顏色也來自於甜菜素類的色素。

松葉牡丹

馬齒莧科的園藝植物。原產於熱帶乾燥地帶，葉子是多肉質。原種的花是像照片中的紫紅色。

你知道嗎？

如果用鉛筆等輕輕碰觸松葉牡丹的雄蕊，它們就會立刻朝觸碰的方向彎曲，這樣可以讓昆蟲運送更多的花粉。

人造的花朵顏色

黑色矮牽牛

不是因為有黑色素，而是在高濃度的花青素和類胡蘿蔔素中加入葉綠素，使其看起來幾乎是黑色的。

青紫色康乃馨

由日本三得利開發的「Moondust」，是世界上首次誕生的青紫色康乃馨。它是從矮牽牛等藍色花朵中採集產生藍色色素的基因，將其編入康乃馨的基因中而產生的。

在黃酮類化合物當中，尤以花青素廣泛涉及花朵和果實的配色，根據部分結構的不同、金屬離子的作用、pH值等因素，而呈現紅色、紫色、粉紅色、藍色等各種顏色。例如，藍色和紫色的牽牛花，隨著細胞的老化而氧化，到了白天就會變成紅色而後枯萎，繡球花的花色則會根據溶解在土中的鋁含量而變成藍色或粉紅色。

在類黃酮色素中，因為主要只吸收紫外線範圍的光，所以在人眼看來是無色的。白色和淡黃色的花大多含有這些色素，所以在可以看到紫外線範圍的蜜蜂和蝴蝶的眼裡，都是有顏色的。

與花的顏色相關的另一種色素是甜菜素。莧科蔬菜甜菜的紅色就是其顏色，主要存在於仙人掌科、紫茉莉科、馬齒莧科等熱帶乾燥地的植物中。菠菜基部的紅色也是甜菜素。

龍膽的同類們

最近的生物技術已經能夠製造出自然界中不存在的花色。從矮牽牛和小三色堇中取出色素的基因，並將其編入康乃馨中，誕生了青紫色的康乃馨。曾經是育種家夢想的藍色玫瑰，現在也正在實現。

超越自然界開始綻放光輝的花色世界，接下來我們還會目睹什麼顏色的花呢？

冬天紅色的果實格外引人注目。儘管所屬的科不同，花和葉的形狀也不同，但每一種果實都是小粒而有光澤，成熟時變得又紅又柔軟。想想都覺得不可思議。明明是不同類，為何卻有著相同的設計？

紅果金粟蘭（千兩）

金粟蘭科的常綠灌木，自生於日本的溫暖地區。像綠繡眼這樣的小鳥會來吃果實並運送種子。被認為是正月的吉祥物。

吸引、保護
冬季紅果的戰略心機

硃砂根的客人

正在吃硃砂根果實的綠繡眼。硃砂根又名「萬兩」，與「千兩」成對，但親屬關係很遠，此為報春花科的常綠灌木。

紅果金粟蘭、硃砂根、南天竹等，為什麼冬天有那麼多紅色果實呢？

紅色誘惑 移動到新天地

停止號誌和郵筒之所以是紅色的，是因為紅色相當顯眼。植物的紅色果實也是，對於和人類一樣對紅色敏感的鳥類來說是效果超群的廣告。

在果實的內部，偷偷隱藏著被柔軟果肉包覆的種子。鳥會吞下整個果實，但堅硬的種子不會被消化，而是通過消化道隨排泄物被排出。

植物扎根後就不能移動，但種子可以像這樣被鳥運送到新的地方。而且還附帶肥料。

紅色是吸引鳥類的顏色 冬天是目標

紅色的果實是鎖定鳥類為目標。鳥喜歡的顏色，適合鳥嘴的小尺寸。圓而表面光滑，鳥類容易吞食。鳥類的嗅覺遲鈍，所以果實缺乏香味也是其共同特徵。

它們在秋天到冬天成熟，也是因為這是鳥類的主食且昆蟲較少的時期，正是誘惑鳥類的絕佳時機。

紅色的果實之所以長時間留在枝頭上供人欣賞，也是有原因的。一旦離開樹枝被落葉埋沒的話，鳥類就找

你知道嗎？

作為正月的吉祥物，日本有將結紅色果實的一兩、十兩、百兩、千兩、萬兩，還有據說可帶來好運的南天裝飾在壁龕裡的習俗。

一兩、十兩、百兩、甚至還有億兩！

虎刺（二兩）
茜草科。具有足以刺穿螞蟻的細刺。日文名字的發音有整年都有（好運或財運）的意思，故被視為吉祥物。

紫金牛（十兩）
報春花科。用於混植。日本名為「藪柑子」，名字的由來是因為果實像柑橘類的柑子。

百兩金（百兩）
報春花科。與萬兩同屬，果實長得很像，但葉子乍看像竹葉，較為細長。

茵芋（億兩）
芸香科。雌雄異株。在日本以億兩這個名字流通販售。花蕾被作為花材。

吃南天竹果實的棕耳鵯。一次只吃一點點。

不到了。它們在樹上耐心等待，直到鳥兒來吃下它們。

難吃的果實其實很多，原因是什麼？

我試吃了鳥吃的果實，又苦又澀，而且意外的是，難吃的果實很多。咦？如果更好吃的話，鳥類就會更喜歡而被運送得更多，不是嗎？

讓我們想一下。如果果實很美味，鳥類就會停在那裡一直吃，那麼正下方就會形成糞便山，那可不太妙！種子根本沒辦法被運送。植物希望將種子傳播得更遠、更廣。

果實不好吃的話，即使鳥兒被誘惑來吃，但只咬了幾口就會飛走。隨著時間的推移，許多鳥兒一次又一次地來吃，種子在時間上和空間上就會被廣泛地運送。

吃吧！但只能吃一點點唷

植物一邊說著「吃吧」並用漂亮的紅色引誘鳥類，一邊故意讓果實的味道變差，限制鳥類一次吃的量「只有一點點」，藉此散布種子。這種廣泛存在於紅色果實植物的作戰策略，我稱之為「淺嘗則止法則」。其中也有含有少量毒性的果實。

點綴冬天的紅色果實，在其背後，隱藏著植物的精明策略。

你知道嗎？ 雖然南天竹也有白色果實的品種，但是鳥只會啄食紅色的果實，留下白色的果實。紅色對鳥類更有吸引力。

紅色果實圖鑑

常綠樹

南天竹

小檗科的常綠樹。日文名稱具扭轉「困難」的意涵，所以常被種植在門口。果實雖有毒，但鳥兒通常少量啄食，不會有害。

具柄冬青

果實垂掛成熟。冬青科的常綠樹，雌雄異株。

全緣冬青

冬青科的常綠樹，雌雄異株。被種植為庭木。以前會從樹皮採集黏性物質作為黏鳥或黏蟲膠。

落葉樹

落霜紅

冬青科。日文名為「梅擬」，是因為葉子的形狀像梅花。雌雄異株，雌株上結有密集的小粒果實。

山桐子

楊柳科的落葉樹，生長速度很快，可以長成大樹。雌雄異株，雌株會結出大串垂掛的果實。

合花楸

薔薇科的落葉樹。在北國被認為是行道樹。秋天的紅葉很美。果實成簇生長在樹枝前端。

在冬天的稻田裡，我發現一些雜草低矮地附著在地面上。這些孩子會在春天綻放。你能猜出是誰的孩子嗎？

冬天稻田裡的蓮座狀葉叢。

①薺菜
②碎米薺
③鼠麴草
④稻槎菜
⑤春飛蓬
⑥黃鵪菜
⑦酸模 等。

「玫瑰花」
冬日地面上的
5
6
3
4

薺菜的蓮座狀葉叢與生長狀況

春天開花
為了因應溫度的升高，薺菜從2D生長模式轉變為3D生長模式並開花。

冬天的蓮座狀葉叢
在零度以下的早晨，薺菜緊貼地面的蓮座狀葉叢，一邊增加糖度一邊抵禦寒冷。

像蒲公英一樣葉子在地面呈放射狀展開的植物形狀被稱為「蓮座狀葉叢」。詞源的由來是因為從上面看的形狀讓人聯想到玫瑰花或菩薩的蓮座。

各種蓮座狀葉叢度過冬天的小撇步

所有的蓮座狀葉叢，都是從短莖上長出在地面上呈放射狀展開的葉子。但是如果仔細觀察，會發現它的種類很多，有葉子稀疏的，有邊緣像魚骨一樣呈鋸齒狀的，還有白色蓬鬆的。

在開闊的田野中，菊科和十字花科等不同類別的植物，基於共通的避寒需求，而呈現相同的蓮座狀葉叢。即使是冬天，地表也會因太陽的直射而變暖，風速也趨近於零。在這寶貴的2D空間裡，蓮座狀葉叢將葉子平面展開，一邊養精蓄銳，一邊耐心等待著春天的到來。

在晴朗的夜晚，由於輻射冷卻，地面變得更加寒冷。如果蓮芯都凍住的話，植物就會死亡。因此，蓮座狀葉叢增加了葉子的糖分濃度，利用與防凍劑相同的原理來避免凍結的危險。這和菠菜（原本也是蓮座狀葉叢）在冬天較甜是同樣的道理。

根部被霜柱舉起也可能致命。為了防止這種情況發生，蓮座狀葉叢的根深深地

你知道嗎？ 春天七草包括芹菜、薺菜、鼠麴草（母子草）、繁縷、稻槎菜、蕪菁、蘿蔔等7種。

蓮座狀葉叢的蔬菜和園藝種

葉牡丹

從西洋傳入日本的蔬菜甘藍，在江戶時代經過改良，搖身變成具藝術性的園藝植物。

白菜的花

白菜和甘藍本來都是蓮座狀葉叢植物。春天會從中心長出花莖，開出黃色的花。

延伸到地下並緊貼地面。

冬天紫外線的危害也很強烈。蓮座狀葉叢的葉子通常帶有紅色和紫色，是會吸收紫外線的花青素的顏色，效果就像是防止紫外線的太陽眼鏡。

蓮座狀葉叢忍受著冬天的嚴峻進行光合作用。氣溫低的話，呼吸消耗也會減少，所以生長速度出奇的快，蓮座狀葉叢在冬天也會一點一點地增加葉子，擴大生產活動，並將養分儲存在根部。

蘿蔔和蕪菁原本也是蓮座狀葉叢，人們也從食用中受益呢！

從2D到3D 精巧的經濟策略

隨著春天的到來，蓮座狀葉叢迅速切換到3D成長模式，在與周圍的競爭中將莖部向上伸展。冬季期間葉子拓展得越大，開出的花就越多，也可散播更多的種子。

也有像蒲公英和車前草一樣，整年都以蓮座狀葉叢形式生活的植物。蓮座狀葉叢的形式減少了對莖的投資，並將資源轉移到葉子上，所以只要光線充足，生產率就高，相當經濟實惠。相反的，因為個子較矮，所以缺點是不擅長競爭。莖在花期是否會伸長，也與周遭的競爭、花粉的運送方式、種子的散布方法等有關。

在冬天的大地盛開的「玫瑰花」，你也去找找看吧！

一年蓬

菊科／二年生草本植物，蓮座狀葉叢各自從種子中生長，葉子有缺裂。開花株枯萎死亡。

春飛蓬

菊科／多年生草本植物，除了種子外，還能從撕裂的根部碎片中發芽，生長出大大小小的蓮座狀葉叢。

圖鑑

鼠麴草

菊科／春天七草之一。葉子上覆蓋著蓬鬆的毛，看起來白白的。

翅果菊

菊科／尖銳的鋸齒狀葉緣給人尖銳的印象。和萵苣同屬，撕開葉子時會流出白色的汁液。

你知道嗎？

秋天七草包括胡枝子、芒草、葛花、撫子花、女郎花、白頭婆、桔梗等 7 種。
春天七草可以食用，秋天七草則是偏向欣賞價值呢！

蓮座狀葉叢

長葉車前

車前草科／原產於歐洲的多年生草本植物。葉子呈抹刀狀，有數條明顯的平行葉脈。

月見草

柳葉菜科／原產於北美的二年生草本植物。花在夏天的傍晚開放，早上枯萎。開花株枯萎死亡。

雄蛇莓

薔薇科／多年生草本植物。生長在田埂等處，葉子是由5片小葉組成的掌狀複葉。在初夏綻放黃色的花。

附地菜

紫草科／湯匙型的葉子很可愛的小蓮座狀葉叢。葉子撕開就會有黃瓜的味道。花也很可愛。

蘭科植物在全世界的熱帶~亞寒帶地區，已知共有749屬，約2萬6000種。一聽到蘭花，首先會想到的就是以嘉德麗雅蘭為代表的豔麗熱帶蘭花，但是有著奇妙顏色和形狀的花卉也很多，是最富有多樣性的植物。

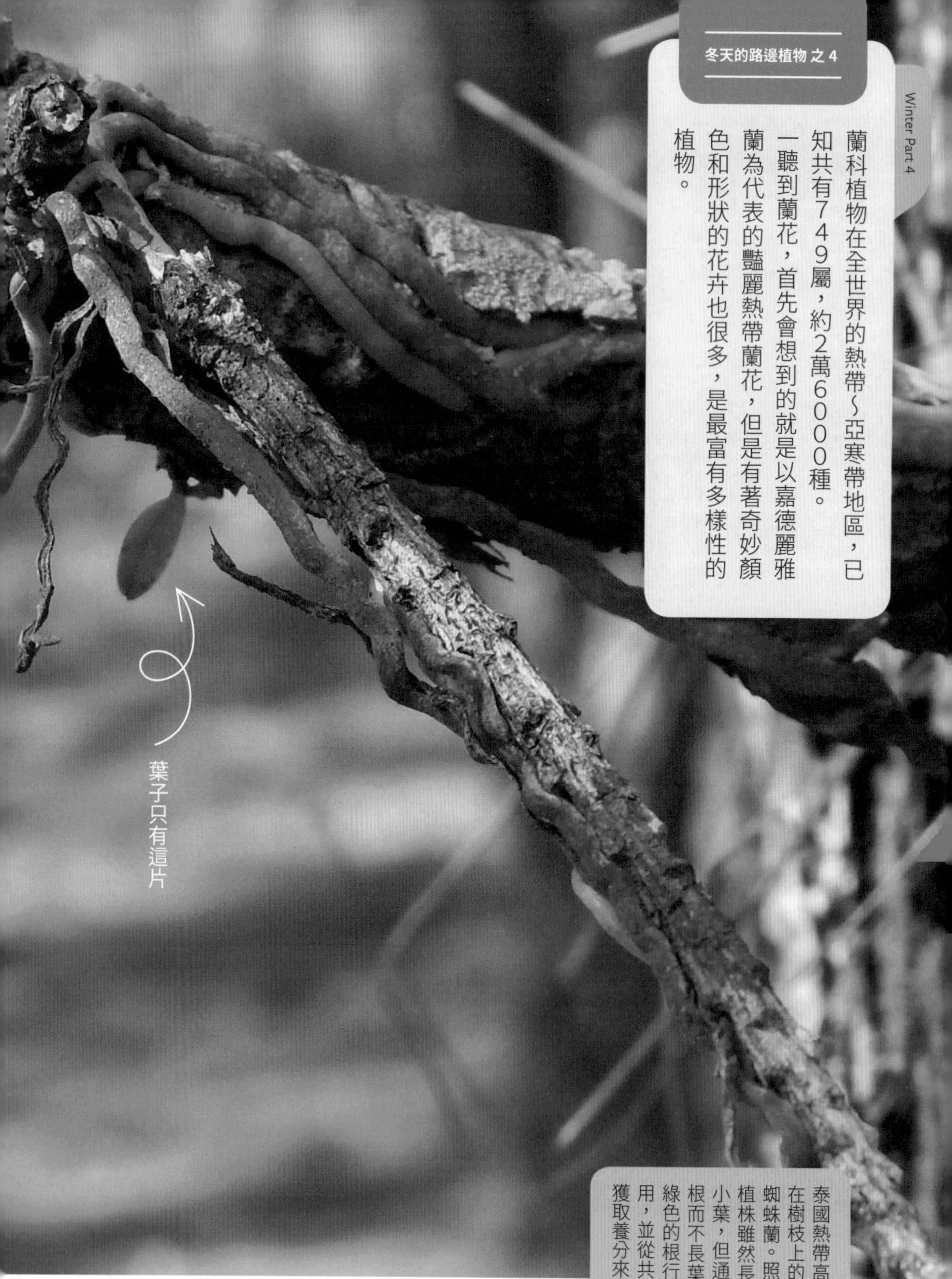

泰國熱帶高地著生在樹枝上的寬囊大蜘蛛蘭。照片中的植株雖然長著一片小葉，但通常只有根而不長葉子，靠綠色的根行光合作用，並從共生菌中獲取養分來生活。

蘭花、種子與菌類的神奇共生

白芨的花朵構造

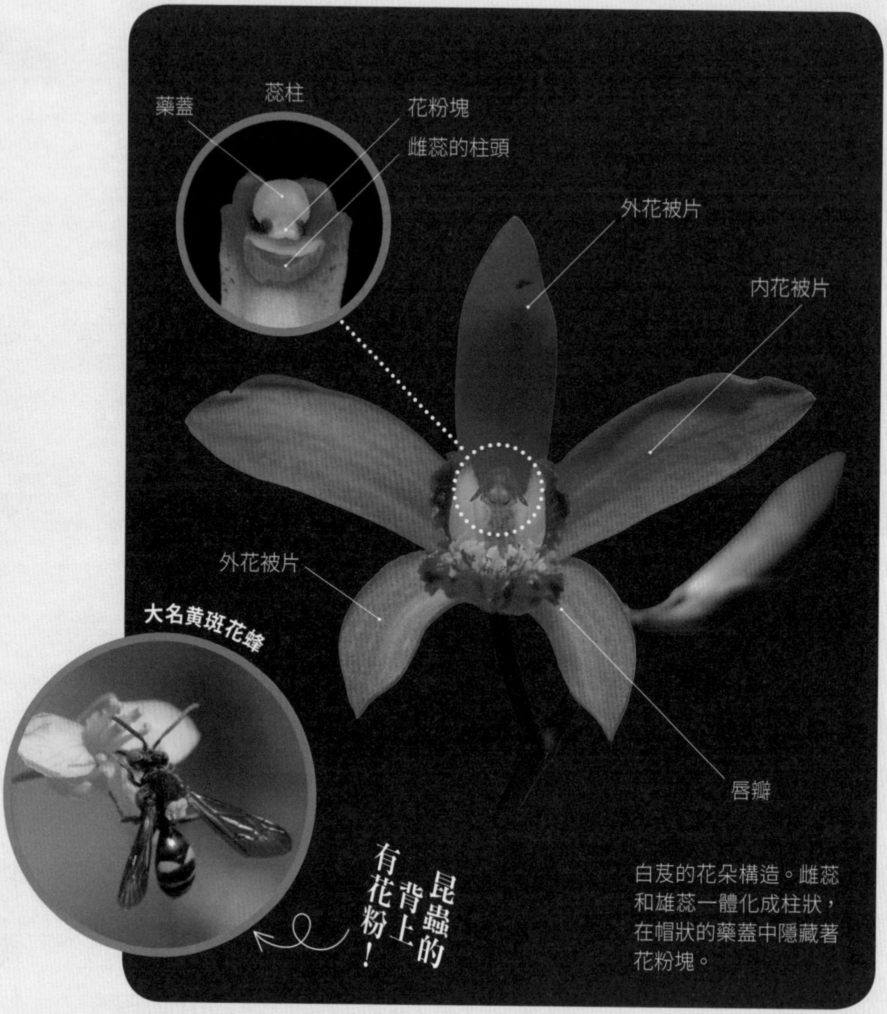

白芨的花朵構造。雌蕊和雄蕊一體化成柱狀，在帽狀的藥蓋中隱藏著花粉塊。

H. Tanaka

蘭科的花朵結構

蘭花的花朵結構相當獨特。6片花瓣中，下面的那一片稱為「唇瓣」，每種類型都有特殊的形狀。根據花的不同，花粉的搬運方法也不同，這反映在花的顏色和形狀上。例如花是白色並將花蜜儲存在長距（管狀的突起）中的蘭花，是以夜行性的蛾作為目標。白芨的搭檔是花蜂類。另一方面，顏色樸素、形狀複雜的蘭花，幾乎可以認定會誘騙昆蟲攜帶花粉。事實上，有些花會模仿雌性蜜蜂，誘使雄性蜜蜂運送花粉。

你知道嗎？ 用手術刀將植物的生長點切成小塊，然後用燒瓶或試管培養的技術稱為「組織培養（mericlone）」。用這個方法可以大量生產蘭花苗。

白芨的花粉塊和種子

試試看吧

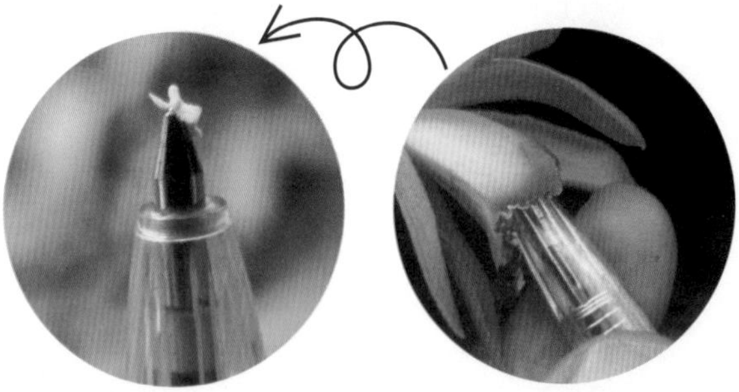

取出花粉塊

我試著拿一支筆插進花裡佯裝成蜜蜂，摩擦蕊柱後把筆拔出來……

白芨的花粉塊

筆尖上沾了花粉塊。這個團塊裡塞滿了數十萬個花粉。

白芨的果實和種子

我試著切開果實。每個果實都會產生數萬到數十萬個種子，隨風飄散。

粘在昆蟲子上的花粉塊

多種多樣的蘭花有一個共同的機制，那就是將花粉成塊讓昆蟲運送的「花粉塊」，也就是裝花粉的袋子，與膠帶狀的黏性物質形成套組，隱藏在雌蕊和雄蕊合體的「蕊柱」後面。當昆蟲鑽進花朵時，身體就會沾粘上黏性物質，昆蟲就這樣被迫背負著花粉塊。

即使在栽培的蘭花中也能觀察到花粉塊。假裝自己是昆蟲，用筆輕輕伸進去摩擦蕊柱，即可沾粘到黃色花粉塊。當攜帶花粉塊的昆蟲在其他花朵周圍移動時，帶黏液的柱頭就會授粉。

種子與發芽的構造

蘭花會發育出紡錘形的果實。一個果實中塞滿了數萬到數十萬個細小的種子。

為了產生數量龐大的種子，雌蕊也必須接受等量或以上的花粉。花粉塊這種蘭花獨特的結構，與種子數量的多寡有著密切的關係。

相對於數量，種子很微小，重量約為1萬分之1毫克。像煙霧一樣漂浮的微細種子沒有營養，無法自行發芽。取而代之的是，種子從菌類中獲取營養而後發芽。這種與真菌的共生是蘭科生活方式的最大特徵。

蘭花利用真菌，將它們的棲息地擴大到樹木高處和營養貧乏的濕地。

依靠真菌生存

也有一生都不會長出綠葉的蘭花（參照P64～65）。這種蘭花完全依賴土壤中的共生菌來獲取營養，也就是寄生在菌類上生活。

有些附著在樹幹和岩石上的附生蘭是沒有葉子的，除了在根部表面進行光合作用外，還會從共生菌中獲取營養。

蘭花的世界充滿魅力，無論是花朵還是生存方式，都富有多樣性。

天麻

自生於日本山野的地生蘭。寄生在松蕈屬的蘑菇上，不具有葉綠體也不會行光合作用。

你知道嗎？ 天麻在6～7月開花。因其高約1公尺的直立花莖狀似箭桿，所以又名「赤箭」。

形狀奇特的海外蘭花

Pterostylis sanguinea

西澳大利亞的地生蘭。唇瓣是擬態為昆蟲的陷阱，一經觸碰就會移動，把蕈蚋困在花的深處並迫使其運送花粉。

Bulbophyllum dayanum

分布於東南亞的石豆蘭屬的附生蘭。唇瓣擬態為腐肉，讓以動物殘骸為食的蒼蠅運送花粉塊。

Pterostylis barbata

西澳大利亞的地生蘭。英文名稱為Bird Orchid。唇瓣是分枝的絲狀。授粉後，下部的花瓣便變成朝上。

Caladenia discoidea

西澳大利亞的地生蘭。唇瓣擬態為雌性的土蜂，也會釋放費洛蒙。英文名稱為 Dancing Spider Orchid。

即使看起來像花瓣，也未必就是「花瓣」。大花四照花的美麗花朵也是，咦？哪裡才是花瓣？

大花四照花

看起來像花瓣的部分是苞片，是葉子的變態。小花在4枚苞片的中央成簇綻放。

偽裝高手

花瓣的真面目

看起來像花瓣的是花萼

果實時期

聖誕玫瑰

看起來像是花瓣的其實是花萼，黃色管狀的部分才是真正的花瓣。中央排列著許多雄蕊和雌蕊。

「花瓣」不一定是花瓣

裝點冬天的聖誕玫瑰。看起來像花瓣的部分，其實是花萼。真正的花瓣變成管狀的「蜜腺」，在內部環繞排列。

一般來說，花由外向內依序排列著花萼、花瓣、雄蕊、雌蕊。我們通常所說的花瓣，會用美麗的顏色吸引昆蟲和鳥類的注意，幫助花粉傳播。但是其中也有像聖誕玫瑰一樣，花瓣並不等於我們所認為的花瓣。

花萼變成花瓣的花

在聖誕玫瑰所屬的毛茛科中，鐵線蓮、飛燕草、白頭翁和節分草等的花萼也起到了花瓣的作用。

繡球花中那些大而顯眼的裝飾花的花瓣其實是萼片。蓼科植物的花瓣也是萼片，並且缺少花瓣。

花萼比花瓣不易掉落，能夠長時間保留，帶來較長的觀賞期。

單子葉植物的花各有3片花萼和花瓣，而鳶尾花的3片花萼變成大花瓣並垂下，花瓣小小地直立著。百合科的鬱金香和百合看似有6片花瓣，但其實外側3片是花萼，內側3片才是花瓣。話雖如此，實質上並沒有區別，所以在圖鑑上被統稱為花被片。

你知道嗎？

形容兩者相似而難以分出高下的情況，可以用「溪蓀、燕子花難分優劣」來形容。不過事實上，溪蓀的花朵有複雜的花紋，而燕子花則有白色的線條，兩者可以區分。

節分草

看起來像花瓣的是花萼。花瓣變成了黃色的蜜腺。

蕎麥

蓼科沒有花瓣，花萼變成花瓣。蕎麥花為兩性異形，照片中的是雄蕊長的花。

溪蓀

溪蓀垂下的花瓣是源自於花萼的外花被片。立在內側的是花瓣（內花被片）。

山百合

6片花瓣中寬度較窄的3片是花萼（外花被片）。內側的3片是花瓣（內花被片）。

魚腥草
三白草科的多年生草本植物。中心的花穗上聚集了雌蕊和3根雄蕊組成的小花，花穗的基部有4枚苞片。

苞片變美麗的花

聖誕紅的紅色部分，是一種特化的葉子（苞片）。透過用鮮紅色的苞片裝飾小簇花朵，來吸引蜂鳥協助運送花粉。

可愛的大花四照花，看起來像花瓣的部分也是苞片。花本身又小又不顯眼，在4枚苞片的中心聚集成球狀。魚腥草的花朵白色醒目的部分也是苞片，一邊支撐著沒有花萼和花瓣的小花，一邊向昆蟲施展魅力。

什麼是重瓣的「花瓣」？

櫻花、玫瑰、茶花等園藝植物的重瓣花，在多數情況下，原本應該是雄蕊，但由於突變而變成了花瓣。有的花變化不完全，花瓣邊緣還附著雄蕊的花藥。杜鵑花的園藝品種中，也有花萼的部分花瓣化成重瓣的類型。

菊科的花原本是許多小花的集合體（頭狀花序），但是在孔雀草和大麗花中，中央的筒狀花的大部分變成了大而顯眼的舌狀花（有一片大花瓣的小花），作為重瓣品種被栽培。

千變萬化的花朵世界。花朵盡情地展開花瓣，競相綻放。

你知道嗎？
聖誕紅是大戟屬植物，該屬還包括許多多肉植物。如果劃傷或折斷，會從切口處流出白色的乳狀液體。也有引起皮膚炎的例子，所以要注意。

其他部分花瓣化即為「重瓣」

孔雀草的重瓣品種

菊科。中心的筒狀花大多變化為具有大花瓣的舌狀花。

茶花的半重瓣品種

雄蕊的一部分變成花瓣。可以看到花瓣和雄蕊之間的過渡階段。

秋海棠的重瓣品種

雄花（中央）的雄蕊花瓣化。沒有雄蕊的雌花（右）仍然是單瓣花（黃色部分是雌蕊）。

杜鵑花的雙瓣品種

花萼花瓣化，花瓣呈雙層重疊。所以仔細看會發現沒有綠色的花萼。

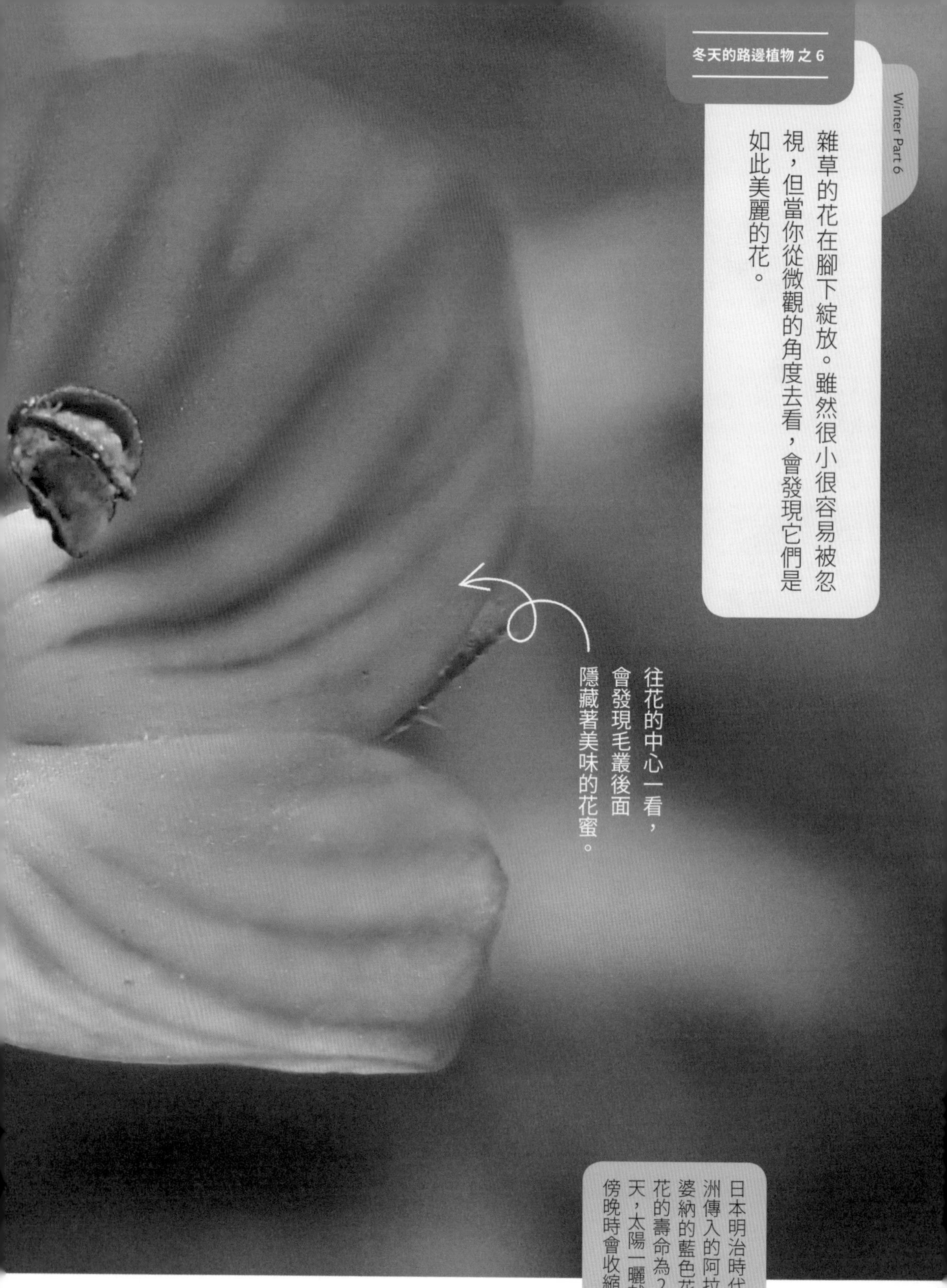

雜草的花在腳下綻放。雖然很小很容易被忽視，但當你從微觀的角度去看，會發現它們是如此美麗的花。

往花的中心一看，會發現毛叢後面隱藏著美味的花蜜。

日本明治時代從歐洲傳入的阿拉伯婆婆納的藍色花朵。花的壽命為2~3天，太陽一曬就開，傍晚時會收縮。

雜草小花的美麗與堅韌

當我仔細觀察薺菜時…

薺菜的種子和果實

結出了狀似三味線撥子的果實。

Open

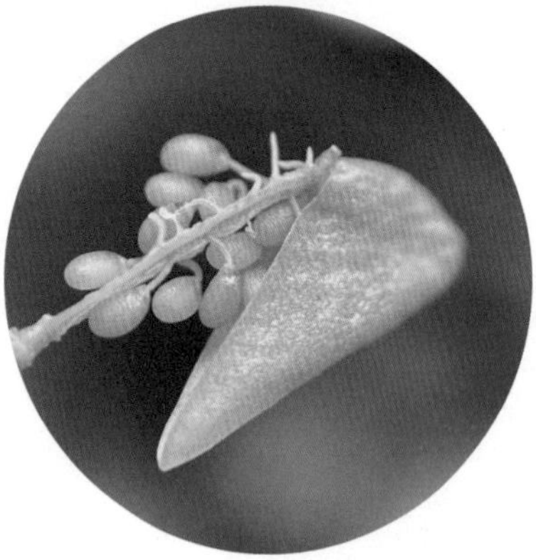

果皮左右脫落的話，裡面會出現 20 顆左右的種子。

薺菜的花

一邊伸展花莖一邊一個接一個地開花。

Zoom!

花瓣有 4 片。雄蕊有 6 根。雌蕊和雄蕊靠得很近，即使昆蟲不來也能自花授粉。

你知道嗎？

薺菜是春天七草之一。把花莖尚未直立前的蓮座葉煮熟後切細，放入粥裡食用。味道香濃，營養也很豐富。

路邊閃耀的雜草們

粗毛小米菊
原產於北美的一年生草本植物。如果仔細觀察這些直徑5公分的花，看起來就像是用金線繡成的勳章。

圓齒野芝麻
唇形科的歸化植物。雖然原產於歐洲，但花的正面讓人聯想到穿著和服的舞者。

雜草花的小智慧

雜草是指妨礙庭院花卉或農作物生長的各種草的總稱。無數的種子或地下莖潛伏在地面下，一有機會就在各處茁壯生長。

雜草雖然麻煩，卻是我們生活周遭相當熟悉的存在。薺菜也是春天七草之一，深受人們所喜愛。白色的花朵直徑不到3公釐，但是如果仔細觀察，會發現在莖尖上排列成一圈的花朵造型，是多麼的漂亮啊！

讓我們從昆蟲的角度用放大鏡來觀察每一朵薺菜的花。在智慧型手機上安裝微距鏡頭也可以代替放大鏡。哇！圍著雌蕊的6根雄蕊產生了大量的花粉，原來如此，這樣即使蟲子不來也能確實授粉並留下種子。我隱約看到了雜草堅韌的一面。

如果也看看小小的果實

薺菜的果實形狀與三味線的撥子很相似。花開後馬上結果，在莖上排列著許多的果實。如果把所有的果實連皮一起撕下來，在耳邊搖晃就會發出沙沙的聲音。

接觸到快要成熟的果實時，果實的皮在兩側各自脫落，從裡面露出了可愛的種子寶寶。

酸模

蓼科的一年生草本植物。雌雄異株，照片中的是雌花。用鼴鼠形狀的柱頭捕捉風吹來的花粉。

附地菜

水色花瓣的中心有黃色的隆起，讓人想起愛麗絲夢遊仙境。搓揉葉子會聞到黃瓜的香味。

當人們觸摸或踩到薺菜的果實時，種子就會溢出並粘在人的手或鞋底上。還是綠色的年輕種子之後也會成熟，所以沒關係。薺菜是利用人移動到新的地方。

身邊的美麗雜草

冬天一直貼在地上的雜草們，到了春天就會紛紛綻放。

彷彿在草叢中鑲嵌著星星一樣盛開的藍色花朵是阿拉伯婆婆納。它填滿甜美的花蜜，邀請昆蟲的造訪。在像蠍子尾巴一樣捲曲的花序上開著水色小花的是附地菜。直徑3公釐的花朵中心有黃色鑲邊，放大後有種愛麗絲夢遊仙境的可愛感。透過鏡頭看粗毛小米菊的花，看起來就像是一枚用金線繡成的勳章。雜草們各自盛裝打扮，拼命地活著。

夾在智慧型手機上的夾式微距鏡頭，在百元商店也買得到。請一定要看看微觀設計的美麗和巧妙，總是令人驚嘆不已。

夾在手機上的微距鏡頭，是隨地觀察的好夥伴。

你知道嗎？

粗毛小米菊的日文名為「掃溜菊」，這個有點遺憾的名字，是因為這種來自國外的花，最初是在日本的垃圾場（日文為掃き溜め）發現的。

路邊閃耀的雜草們

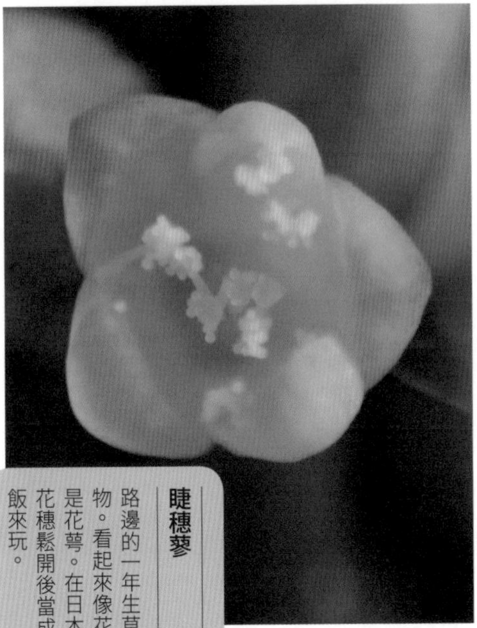

睫穗蓼

路邊的一年生草本植物。看起來像花瓣的是花萼。在日本會把花穗鬆開後當成紅豆飯來玩。

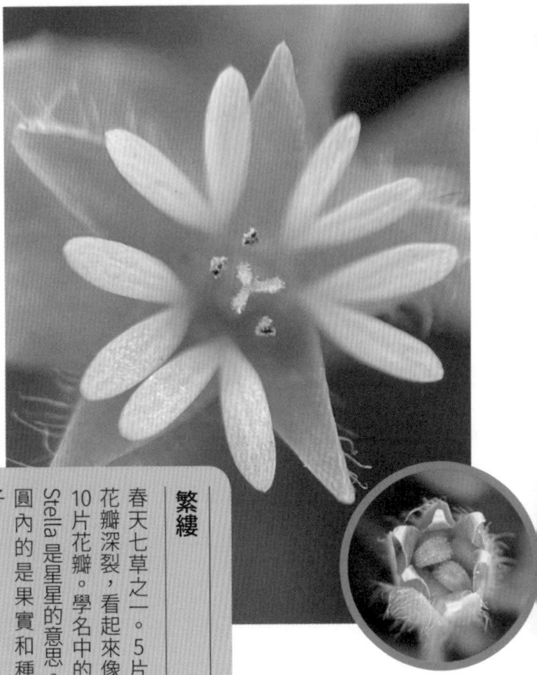

繁縷

春天七草之一。5片花瓣深裂，看起來像10片花瓣。學名中的Stella是星星的意思。圓內的是果實和種子。

一年蓬

和蒲公英一樣是菊科的雜草。許多小花聚集成一個頭狀花序。

酢漿草

一種可愛的小草，有3片心形的葉子，而且葉子呈現紅色，其花朵中心也是紅色的。

結語

epilogue

這本書是以NHK《園藝趣味》雜誌連載的隨筆《路邊觀察・探討植物的設計》（2020年4月號～2022年3月號）為基礎，加入了全新拍攝的照片和解說植物學基礎的全新附錄，並進行了全面的增補和重新編輯而成的作品。

這個連載，是基於在植物中看到的設計，也就是顏色、結構和特性，並考慮其背後的生態作用和策略而開始撰寫的。我設定了紅色新芽、花朵形狀、刺、毒等符合季節的主題，並以身邊植物的觀察為基礎，加上簡單而科學的解說。再輔以大尺寸編排的精選照片，形成了充滿季節氣息的美麗連載。

一般說到植物相關書籍，大多會對每個物種進行解說，但是這本書不一樣。本書是以各種植物中看到的共通性作為粗的橫線，各個植物作為縱線，像是將植物的奧秘編織成一幅掛毯一般，而植物的魅力也在其中各處閃閃發光。感覺像是在自吹自擂呢！

有一個好消息要告訴大家。我長年的寫作及自然觀察活動、廣播及電視節目的演出以及在大學教育中對植物學傳播的貢獻受到了肯定，榮獲2021年度松下幸之助紀念志財團授予的松下正治紀念獎、２０２２年度日本植物學會授予的特別獎。今後我也會繼續努力寫下去的！

我很喜歡植物，而植物也總是在向我訴說著它們的故事。例如紅色的果實將種子藏在果肉裡並說著：「來吃吧！」，花朵穿著美麗的衣裳和香味魅惑地對我說：「快來呀！」。像這樣能夠聽到植物的聲音，無論是野外的山林還是城市的街道，都變得格外耀眼動人。如果能通過這本書將這些聲音傳達給大家，我會很高興的。

為了出版本書，我向我重要的夥伴和植物研究家田中肇、北村治、山田隆彥（日本植物友之會・副主席）借用了一些照片，非常感謝。也要感謝提供美好插圖的楢崎義信、ＮＨＫ出版的上野紗紀子、宮川禮之。

日本擁有豐富的自然和生物多樣性，人類與自然共存。但是近年來，隨著自然破壞和全球暖化不斷加劇，生態系統的平衡也開始崩潰。四分之一的野生植物瀕臨滅絕的危機，另一方面，鹿和野豬的數量過度增加，食害的影響也已波及到人類和大自然。為了解決問題，我們每個人都必須以科學的角度去理解大自然和植物的生活方式，齊心協力。

期望各位從觀察路邊植物中萌芽的興趣，能夠茁壯成長為參天大樹。

多田多惠子

路邊的趣味植物學：從日常散步觀察植物的生存劇場

作　　者　多田多惠子
譯　　者　謝蔚鎂
審　　訂　陳坤燦
社　　長　張淑貞
總 編 輯　許貝羚
主　　編　鄭錦屏
特約美編　謝蔚鎂
行銷企劃　黃禹馨
國際版權　吳怡萱

發 行 人　何飛鵬
事業群總經理　李淑霞
出　　版　城邦文化事業股份有限公司　麥浩斯出版
地　　址　115 台北市南港區昆陽街 16 號 7 樓
電　　話　02-2500-7578
傳　　真　02-2500-1915
購書專線　0800-020-299

發　　行　英屬蓋曼群島商家庭傳媒股份有限公司城邦分公司
地　　址　115 台北市南港區昆陽街 16 號 5 樓
電　　話　02-2500-0888
讀者服務電話　0800-020-299（9:30AM~12:00PM；01:30PM~05:00PM）
讀者服務傳真　02-2517-0999
讀者服務信箱　csc@cite.com.tw
劃撥帳號　19833516
戶　　名　英屬蓋曼群島商家庭傳媒股份有限公司城邦分公司

香港發行城邦〈香港〉出版集團有限公司
地　　址　香港九龍土瓜灣土瓜灣道 86 號順聯工業大廈 6 樓 A 室
電　　話　852-2508-6231
傳　　真　852-2578-9337
Email　hkcite@biznetvigator.com

馬新發行　城邦〈馬新〉出版集團 Cite (M) Sdn Bhd
地　　址　41, Jalan Radin Anum, Bandar Baru Sri Petaling,57000 Kuala Lumpur, Malaysia.
電　　話　603-9057-3833
傳　　真　603-9057-6622
Email　services@cite.my

製版印刷　凱林彩印股份有限公司
總 經 銷　聯合發行股份有限公司
地　　址　新北市新店區寶橋路 235 巷 6 弄 6 號 2 樓
電　　話　02-2917-8022
傳　　真　02-2915-6275
版　　次　初版一刷 2025 年 1 月
定　　價　新台幣 450 元／港幣 150 元
Printed in Taiwan

國家圖書館出版品預行編目（CIP）資料

路邊的趣味植物學：從日常散步觀察植物的生存劇場 / 多田多惠子著；謝蔚鎂譯 . -- 初版 . -- 臺北市：城邦文化事業股份有限公司麥浩斯出版：英屬蓋曼群島商家庭傳媒股份有限公司城邦分公司發行 , 2025.1
面；　公分
ISBN 978-626-7558-50-8(平裝)
1.CST: 植物學 2.CST: 通俗作品

370　　113017133

道草ワンダーランド
まちなか植物はこうして生きている

美術指導／岡本一宣
美術設計／小埜田尚子、小泉 桜、久保田真衣（O.I.G.D.C.）
照片提供／伊藤善規、北村 治、田中 肇、田中雅也、山田隆彦
插畫／楢崎義信
DTP／ドルフィン
校對／本間和枝、東京出版サービスセンター
企劃・編輯／宮川礼之（NHK 出版）